大学计算机

——计算文化与计算思维

主 编 罗旭 张岩 刘冰 刘哲

本书资源使用说明

北京大学出版社
PEKING UNIVERSITY PRESS

内 容 简 介

　　本书是高等学校非计算机专业大学计算机基础课程的理论教材。本书的定位不仅参考了全国大学计算机课程改革的丰硕成果,也借鉴了我国基础教育信息技术课程的基本内容,同时紧密结合了全国计算机等级考试的考试要求,突出了大学计算机课程的目标是使学生掌握计算技术最重要的核心思想和方法的教学理念,培养学生利用计算机解决问题的思维和能力。

　　本书以计算思维为主线,以计算机理论基础和数字媒体理论基础为内容构建了知识体系框架,全面系统地介绍了计算机科学技术及其应用的重点理论知识、技术和方法。上篇计算机理论基础共分5章,包括第1章数字化生存环境,第2章算法与程序设计,第3章常用数据结构,第4章数据的组织和管理,第5章软件的开发。下篇数字媒体理论基础共分4章,包括第6章数字媒体技术,第7章数字媒体静态设计,第8章数字媒体动漫与短片设计,第9章微课与教学辅助设计。本书结构合理、讲述清晰,注重知识性和趣味性的结合,激发学生学习的主动性和积极性。

　　本书可作为普通高等学校非计算机专业大学计算机基础课程的教材,也可作为计算机科学技术培训和自学的教材。

前　言

随着计算机与信息技术知识和技能的推广与普及,高等学校计算机基础教育面临着严峻的形势和挑战。本书是在深入研究以计算思维为核心的计算机基础教学改革的基础上,为适应新形势、新任务而推出的新型教材。本书立足于通识教育,以培养学生的计算思维为出发点,旨在提高学生的科学修养和信息素养,培养学生的思维能力和应用能力,充分体现了计算机基础教育的新思路和新办法,突出了大学计算机课程的目标是使学生掌握计算技术最重要的核心思想和方法的教学理念。

本书是高等学校非计算机专业大学计算机基础课程的理论教材,本书的定位不仅参考了全国大学计算机课程改革的丰硕成果,也借鉴了我国基础教育信息技术课程的基本内容,同时紧密结合了全国计算机等级考试的考试要求。通过对教材内容的精选和组织,本书以计算思维为主线,构建了以上篇"计算机理论基础"和下篇"数字媒体理论基础"为组成部分的体系框架,全面系统地介绍了计算机科学技术及其应用的重点理论知识、技术和方法。上篇计算机理论基础共分5章,包括第1章数字化生存环境,第2章算法与程序设计,第3章常用数据结构,第4章数据的组织和管理,第5章软件的开发。下篇数字媒体理论基础共分4章,包括第6章数字媒体技术,第7章数字媒体静态设计,第8章数字媒体动漫与短片设计,第9章微课与教学辅助设计。本书结构合理、讲述清晰,注重知识性和趣味性的结合,激发学生学习的主动性和积极性。

本书上篇以循序渐进的方式清晰地讲解了计算科学的本质、计算思维的特征、图灵机、冯·诺依曼计算机模型、算法的概念、算法的设计方法、程序设计结构、数据库的基本概念、数据库的设计、软件工程基本知识、软件开发的相关技术等;下篇借鉴中国大学生计算机设计大赛要求,以激发学生学习和掌握新媒体设计的兴趣为目标,重点介绍了图像、音频、视频、动画等媒体技术,数字媒体静态设计方法,数字媒体动漫与短片设计方法,微课与教学辅助设计方法,等等。通过本书内容的学习、理解和掌握,可以帮助学生掌握计算机科学技术的核心思想和方法,培养学生利用计算机解决问题的思维和能力,为学生将来利用计算机知识与技术解决本专业实际问题打下基础。

本书由罗旭、张岩、刘冰、刘哲主编，由张岩统稿。本书所有作者都是工作在教学一线的经验丰富的教师，也曾多次参与过大学计算机课程教材的编写工作。邓之豪、付小军、陈平、易克、熊诗哲构思并设计了全书的数字资源，在此一并表示感谢。

由于作者知识水平和时间等的局限，书中难免会有错误和不妥之处，敬请广大读者在使用中提出宝贵意见和建议，以便我们及时改正。希望所有读者能从本书中得到有益的知识和指导。

编者

2024 年 1 月

目　　录

上篇　计算机理论基础

下篇　数字媒体理论基础

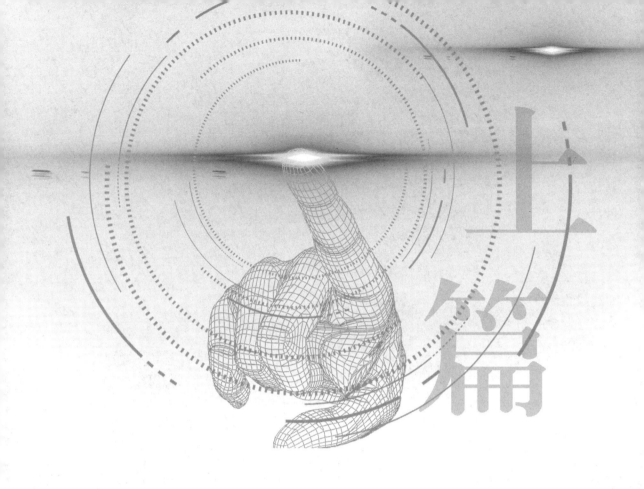

上篇

计算机理论基础

第1章

数字化生存环境

计算机科学的发展对整个科学技术领域的发展起到至关重要的作用,它已经从单纯的计算工具发展成为能够处理数字、符号、文字、语言、图像、音频和视频等多种信息的信息处理工具。计算机网络将计算机技术和通信技术紧密结合,深刻地改变了人们的工作、学习和生活方式,使人类社会的生活理念发生了巨大变化,人类的生存空间也变为数字化环境空间。数字化生存已经成为一种社会生存状态,即以数字化形式显现的生存状态;数字化生存已经成为一种生存的方式,即应用数字技术,在数字空间工作、学习和生活的全新生存方式,是在数字化环境中所发生的行为的总和及其体验和感受。

1.1 信息的数字化

1.1.1 数制的基本概念

数制是人们利用符号进行计数的方法。数制有很多种,最熟悉的数制是十进制。计算机中最常用的数制是二进制,所有信息都必须转换成二进制形式的数据后才能由计算机进行处理、存储和传输。

1. 基数

不同进制是用基数区分的。十进制的基数是 10,二进制的基数是 2,十六进制的基数是 16。每种进制都包含可以使用的数字,十进制可使用的数字是 0~9,二进制可使用的数字是 0,1,十六进制可使用的数字是 0~9,以及字母 A,B,C,D,E,F。

2. 位权

各种进制的每个数字位都有位权。例如,十进制从右至左各个数字位的位权是 $10^0,10^1,10^2,10^3,\cdots$,二进制从右至左各个数字位的位权是 $2^0,2^1,2^2,2^3,\cdots$。

3. 二进制

二进制由 0,1 两个数字组成,二进制数的进位规则是逢二进一。为了区别于其他进制数,通常在二进制数的右下方标注 2,或在二进制数的后面加上 B。例如,二进制数 100010011 可以写成$(100010011)_2$ 或 100010011B。二进制数和十进制数是可以相互转化的,也就是说,任意一个十进制数,都有一个二进制数与之对应。当然,在将十进制的小数转换为二进制的小数时可能会存在一定的误差,此时可以通过增加转换得到的二进制数的小数位数来提高转换精度。

4. 二进制数与十进制数的相互转换

将二进制数转换为十进制数的方法是:把二进制数按位权形式展开为多项式和的形式,求其最后的和,就得到对应的十进制数。为了加以区别,通常在十进制数的右下方标注 10,或在十进制数的后面加上 D。例如,将 $(100010011)_2$ 转换为十进制数,有

$$(100010011)_2=1\times2^8+0\times2^7+0\times2^6+0\times2^5+1\times2^4+0\times2^3+0\times2^2+1\times2^1+1\times2^0=275$$

将十进制整数转换为二进制整数采用二进制数转换为十进制数方法的逆运算,即将十进制数按二进制数的权数 $(1,2,4,8,16,32,64,128,256,\cdots)$ 展开。例如,

$$275=256+16+2+1=2^8+2^4+2^1+2^0=100000000+10000+10+1=(100010011)_2$$

既然任何一个十进制数都能转换为对应的二进制数,那么十进制可以实现的运算,二进制当然都可以实现。计算机采用二进制就是因为二进制用电子设备实现起来更容易。二进制数中只有 0 和 1 两个数字符号,很容易用具有两个不同稳定状态的电子器件来表示。例如,电路中有、无电流,有电流用 1 表示,无电流用 0 表示。类似的还有电路中电压的高、低,晶体管的导通和截止等。二进制数运算简单,大大简化了计算机中运算部件的结构。

5. 八进制、十六进制

八进制是以 8 为基数的计数法,采用 0,1,2,3,4,5,6,7 共 8 个数字,进位规则是逢八进一。八进制数和二进制数可以按位对应,八进制的一位对应二进制的三位。八进制数通常应用在计算机语言中来表达数据。为了加以区别,通常在八进制数的后面加上 O。

十六进制是以 16 为基数的计数法,采用 0~9,A~F 共 16 个数字和字母,进位规则是逢十六进一。与十进制的对应关系是:0~9 对应 0~9,A~F 对应 10~15。十六进制数和二进制数也可以按位对应,十六进制的一位对应二进制的四位。十六进制通常应用在计算机语言中来表达数据。为了加以区别,通常在十六进制数的后面加上 H。

1.1.2 计算机中的数据单位

1. 位/比特

bit(binary digit,二进制数字),中文名称是位,用以表示计算机数据的最小单位。二进制数系统中,每个 0 或 1 就是一个位(bit)。

bit 常用来表示计算机中央处理器(central processing unit,CPU)的字长。计算机的运算精度通常取决于计算机的字长。字长指 CPU 可以同时处理的位数,字长为 64 位的 CPU 即 64 位处理器,可以同时处理 64 位数据。字长位数越多的计算机,处理能力就越强。

bit 也常用来表示数据的传输速率。

2. 字节

字节 B(byte)是计算机中最基本的存储单位。计算机存储数据时是以字节为单位分配存储空间的,通常用多少字节来表示存储器的存储容量,也常用多少字节来表示文件的大小。一个字节等于 8 个比特,即 1 B=8 bit。

3. 字节单位的换算

1 KB(kilobyte,千字节)=1 024 B= 2^{10} B。

1 MB(megabyte,兆字节)=1 024 KB= 2^{20} B。

1 GB(gigabyte,吉字节)=1 024 MB= 2^{30} B。

1 TB(terabyte,太字节)=1 024 GB= 2^{40} B。

1 PB(petabyte,拍字节)=1 024 TB= 2^{50} B。

1 EB(exabyte,艾字节)=1 024 PB= 2^{60} B。

1 ZB(zettabyte,泽字节)=1 024 EB= 2^{70} B。

1 YB(yottabyte,尧字节)=1 024 ZB= 2^{80} B。

1.1.3　数值的表示

数值型数据有大小和正负之分。无论多大的数,是正数还是负数,在计算机中只能用 0 和 1 来表示。显然,一个 bit 所能表示的数的范围是有限的,最大只能表示 1,要想表示更大的数,就需要把多个 bit 作为一个整体按照进位规则来描述一个数。例如,用两个字节表示一个整数,可以表示的最大数是 $2^{16}-1$。在计算机中表示数值型数据时,为了节省存储空间,小数点位置可以是固定的,也可以是变化的。因此,数值型数据可以分为定点数和浮点数。

1. 正负号的表示

通常在二进制数的最前面规定一个符号位,若是 0 就代表正数,若是 1 就代表负数。

例如,用八位二进制表示十进制数+76 与−76:

$$(+76)_{10}=(\underline{0}1001100)_2 \qquad\qquad (-76)_{10}=(\underline{1}1001100)_2$$

$$\qquad\quad \uparrow \qquad\qquad\qquad\qquad\qquad\qquad\quad \uparrow$$

$$\quad\; 符号位 \qquad\qquad\qquad\qquad\qquad\qquad 符号位$$

2. 定点数的表示

常用的定点数有两种,即定点整数和定点小数。表示定点整数时,小数点的位置约定在最低数值位的后面;表示定点小数时,小数点的位置约定在最高数值位的前面,表示小于 1 的纯小数。

3. 浮点数的表示

浮点数由两部分组成,即尾数和阶码。尾数为小于 1 的小数,其长度将影响数的精度;阶码相当于数学中的指数,其大小决定数的大小。例如,十进制数 258,可使用浮点数表示为 0.258×10^3,其中 0.258 就是尾数,3 就是阶码;二进制数 10011,可使用浮点数表示为 0.10011×2^5,其中 0.10011 就是尾数,5 就是阶码。

1.1.4　西文字符的表示

1. ASCII 码

英文字母和常用的数学符号及标点符号等字符通常采用 ASCII 码来表示。ASCII 码是英文 American Standard Code for Information Interchange 的缩写,意为"美国标准信息交换代码"。该编码已被国际标准化组织(International Standards Organization,ISO)所采纳,作为国际通用的信息交换标准代码。ASCII 码由七位二进制数组成,每个字符对应一个 ASCII 码。通常用一个字节表示一个 ASCII 码,其中最高位(最左边一位)设置为 0。七位二进制数,从 0000000 到 1111111 对应十进制数 0 到 127,可以表示 128 个 ASCII 码,即 128 个字符。其中包括:0~9 数字,26 个大写英文字母,26 个小写英文字母,以及各种运算符号、标点符号及控制字符等。编码从小到大的顺序是:空格符<数字<大写字母<小写字母。使用这些符号时,只要在 ASCII 码表中找到符号对应的二进制编码,就实现了符号的数字化。例如,A 的

ASCII 码是 65,即 01000001。

2. unicode 码

unicode 标准定义了一个字符集和几种编码格式。它的优势在于涵盖了几乎世界上所有的字符,可以只通过一个唯一的数字(unicode 码点)来访问和操作字符。因此,unicode 码避免了多种编码系统的交叉使用,也避免了不同的编码系统使用相同的数字代表两个不同的字符,或者使用不同的数字代表相同的字符。目前,unicode 标准已经被工业界所采用,所有最新的浏览器和许多其他产品都支持它。

在 unicode 标准中,编码空间的整数范围是从 0 到 10FFFF(16 进制),共 1 114 112 个可用的码点。在 unicode 字符编码模型中,编码格式指定如何将每个码点表示为一个或多个编码单元序列。unicode 标准提供了 3 种不同的编码格式,使用 8 位、16 位和 32 位编码单元,分别为 UTF-8,UTF-16,UTF-32。

1.1.5　汉字的表示

1. 汉字编码

汉字编码有统一的国家标准,国家标准总局公布的《信息交换用汉字编码字符集 基本集》(标准编号为 GB/T 2312 — 1980)分两级,一级有 3 755 个字,二级有 3 008 个字,共 6 763 个字。GB/T 2312 方案又称为国标码。

国标码在计算机中用两个字节表示一个汉字,每个字节的最高位为 0。

区位码是为了避免国标码与 ASCII 码之间产生冲突而采用的编码形式。区位码将国标码中的 6 763 个汉字编排为 1~94 个区和 1~94 个位的固定行列位置。区号和位号构成了区位码。区位码由 4 位十进制数字组成,前 2 位为区号,后 2 位为位号。例如,区位码 2901 代表"健"字。区位码和国标码的换算公式为

$$国标码＝区位码＋2020H。$$

机内码是将国标码的两个字节的最高位设置为 1,这种汉字标准交换码也称为内部码。内部码可以为各种输入输出设备的设计提供统一的标准,使各种系统之间的信息交换具有共同一致性。这样,任意一个汉字都可以转换为对应的 16 位二进制编码。内部码和国标码的换算公式为

$$内部码＝国标码＋8080H。$$

例如,将"水"字的国标码的每个字节的最高位设置为 1 后转换为十六进制的内部码:

"水"的国标码 → 01001011　　00101110　　　　　4B2E

"水"的内部码 → 11001011　　10101110　　　　　CBAE

2. 字形的表示

汉字除了需要解决字符编码的问题,还需要解决汉字字形存储的问题。汉字字形码是一种用点阵记录汉字字形的编码,是汉字的输出形式。它把汉字按字形排列成点阵,常用的点阵有 16×16,24×24,32×32 或更高,图 1.1 所示是用 24×24 点阵表示的"春"字。在点阵字库中,每个字节的每个位都代表点阵中的一个点,每个汉字都是由一个矩形的点阵组成,0 代表没有点,1 代表有点,将 0 和 1 分别用不同的颜色画出,就形成了一个汉字。一个 16×16 点阵要占用 32 个字节,24×24 点阵要占用 72 个字节,以此类推,由此可见汉字点阵的信息量是很大的。字库是外文、中文及相关字符的电子文字字体集合库,不同字库显示相同符号的形式不

同。例如,常用的汉字字库有宋体、黑体、仿宋、楷体等。

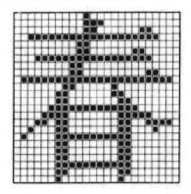

图 1.1　24×24 点阵表示的汉字

【例 1】　计算存储 1 024 个 24×24 点阵的汉字字形码需要多少千字节?

【解】　1 024×24×24/8/1 024＝72(KB)。

1.1.6　声音的数字化

声音是由物体振动产生,通过固体、液体或气体传播的一种连续的波,即声波。声音的强弱体现为声压的大小,音调的高低体现为声音的频率。要记录声音的信息,就要记录声波的波形。计算机记录声音波形的过程叫作采样。采样是指每隔一个时间间隔在模拟声音波形上取一个幅度值,这样可以得到一组离散的数据点,用这些数据点可以近似代替连续的声波,如图 1.2 所示。每个数据点根据坐标值可以用二进制数记录下来,这样就实现了声音的数字化。

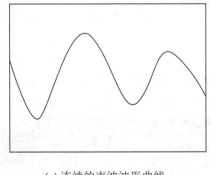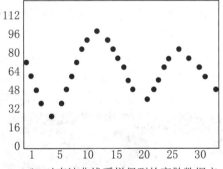

(a) 连续的声波波形曲线　　　　　　(b) 对声波曲线采样得到的离散数据点

图 1.2　声波采样前后比较

采样频率是指声音在录制过程中,每秒采样的次数,单位为赫兹(Hz)。显然,采样频率越高,得到的声音品质越好,同时占用的存储空间也越大。在当今的主流声卡中,采样频率一般分为 22.05 kHz,44.1 kHz,48 kHz 这 3 个等级,22.05 kHz 只能达到频率调制(frequency modulation,FM)广播的声音品质,44.1 kHz 是理论上的小型光碟(compact disc,CD)音质界限,48 kHz 则更加精确一些。对于高于 48 kHz 的采样频率,人耳已经无法辨别出来,所以在计算机上没有多少实用价值。

音频数据最突出的问题是信息量大。音频数字化文件所需存储空间的计算公式为

存储容量(字节)＝ 采样频率×采样精度/8×声道数×时间。

【例 2】　一段持续 1 min 的双声道音乐,若采样频率为 44.1 kHz,采样精度为 16 位,数字

化后大约需要多少兆字节的存储容量？

【解】 数字化后需要的存储容量为

$$44.1 \times 1\,000 \times 16/8 \times 2 \times 60/1\,024/1\,024 = 10.094(\text{MB})。$$

1.1.7 图形图像的数字化

1. 位图图像

位图图像也称为点阵图像,是由称作像素(图片元素)的单个点组成的。这种图像的成像原理和前面讲的汉字字形类似,只不过点阵中的每个点表示的颜色种类更多。颜色的表示方法很简单,只要给每种颜色一个二进制的编码就可以了。这种方法叫作色彩深度,又叫色彩位数,即位图中用多少个二进制位来表示每个点的颜色。常用的色彩深度有 8 位(256 色)、16 位(增强色)、24 位和 32 位(真彩色)等。图 1.3 所示是一个包含 256 种颜色的调色板,可以用一个字节即 8 位二进制数来记录每种颜色的信息。

图 1.3　256 种颜色的调色板

当放大位图时,可以看见构成整个图像的无数单个颜色方块,如图 1.4 所示。要记录这幅图像的信息,需要记录每个颜色方块的颜色编码。这些小方块就是前面提到的像素,每个像素都是单一颜色的。对于位图,同一幅图片上面的像素越多,则图片的细节更细致,图片可以被放大的程度越高。假定画面上有 150 000 个点,每个点用 24 个 bit 来表示颜色,则这幅画面就要占用 450 000 个字节。可以看出,用计算机记录图像信息要占用比较大的存储空间。

图 1.4　位图放大后的颜色方块

图像分辨率表示图像在长和宽方向上占的像素点数,用来规定图像成像的大小。图像分辨率通常以每英寸的像素为单位表示分辨率的大小。可以看出,不同显示设备的像素面积大小是不一致的。为了不受显示设备的影响,给图像分辨率做出定义,即水平方向的像素值×垂直方向的像素值。常见的图像分辨率有 640×480,1 024×768,1 600×1 200,2 048×1 536

等。在成像的两组数字中,前者为图片的宽度,后者为图片的高度,两者相乘得出的是图片的像素,长宽比一般为 4∶3。

大部分数码相机,可以选择不同的分辨率拍摄图片。数码相机的像素越高,其图片的分辨率越大。分辨率和图像的像素有直接的关系,一张分辨率为 640×480 的图片,它的像素就达到了 307 200,也就是我们常说的 30 万像素,而一张分辨率为 1 600×1 200 的图片,它的像素就是 200 万。一台数码相机的最高分辨率就是其能够拍摄最大图片的面积。

图形图像数据也存在信息量大的问题。图形图像数字化文件所需存储空间的计算公式为
$$存储容量(字节)= 色彩位数×分辨率/8。$$

【例 3】　存储真彩色(24 位)、分辨率为 1 024×768 的原始数字化图像需要大约多少兆字节的存储容量?

【解】　数字化后需要的存储容量为 24×1 024×768/8/1 024/1 024=2.25(MB)。

2. 矢量图像

矢量图像是根据几何特性来绘制图形。矢量可以是一个点或一条线,矢量图只能靠软件生成,可以理解为矢量图文件中保存的是如何绘制图形元素的信息,因此文件占用内存空间较小。这种类型的图像文件包含独立的分离图像元素,可以自由地重新组合。它的特点是放大后图像不会失真,与分辨率无关,如图 1.5 所示。矢量图适用于图形设计、文字设计和一些标志设计、版式设计等。

图 1.5　矢量图像放大前后的比较

矢量图与位图最大的区别是,它不受分辨率的影响,因此在印刷时,可以任意放大或缩小图形而不会影响出图的清晰度。

矢量文件中的图形元素称为对象。每个对象都是一个自成一体的实体,它具有颜色、形状、轮廓、大小和屏幕位置等属性。既然每个对象都是一个自成一体的实体,那么就可以在维持它原有清晰度和弯曲度的同时,多次移动和改变它的属性,而不会影响图像中的其他对象。这些特征使得基于矢量的程序特别适用于图例和三维建模,因为它们通常要求能创建和操作单个对象。矢量图具有文件小、图像元素对象可编辑、图像放大或缩小不影响图像的分辨率、图像的分辨率不依赖于输出设备等优点;矢量图的缺点主要有生成图像过程困难、逼真度低、绘制图像需要很多的技巧等。

3. 矢量图与位图之间的相互转换

矢量图转换为位图很容易实现,只要给矢量图添加栅格,然后确定每个格子的颜色,就可以用位图的方法记录矢量图的信息。转换过程可以由图形软件来完成,也可以对矢量图使用

Print Screen SysRq 键拷屏,或者使用 QQ 截屏工具截屏,从而得到位图图像。当然,矢量图一旦转换成位图就失去了它本身的特性,图中的图形元素也不能独立存在了。

相反,把位图转换为矢量图则是一件很困难的工作,需要把位图中的不同图形分开,各自转化为矢量图中的图形元素。目前通常转换相对简单的位图图像,对于复杂的照片处理,则很难得到理想的效果。

1.1.8 视频信息的数字化

视频信息可以看成由连续变换的多幅位图图像构成。播放视频信息时,每秒需要传输和处理 24 幅以上的图像。视频信息的数字化是指在一定时间内以一定的速度对单帧视频信号进行捕获和处理以生成数字信息的过程。

数字视频可以无失真地进行拷贝,也可以进行再创造性的编辑。数字视频一般需要很大的存储空间。

1.1.9 数据的压缩

1. 无损压缩和有损压缩

在计算机科学中,数据压缩是按照特定的编码机制,用编码少的数据位表示原有信息的过程。数据压缩的主要目的就是减少数据在存储时占用的空间,提高数据传输和使用的效率。

事实上,媒体信息存在许多数据冗余。例如,一幅图像中的静止建筑背景、蓝天和绿地,其中许多像素是相同的,如果逐点存储,就会浪费许多空间,这种现象称为空间冗余。又如,在视频和动画的相邻序列中,只有运动物体有少许变化,仅存储差异部分即可,这种现象称为时间冗余。此外,还有结构冗余、视觉冗余等,这些都为数据压缩提供了条件。

压缩的理论基础是信息论,从信息的角度来看,压缩就是去除掉信息中的冗余,即去除掉确定的或可推知的信息,而保留不确定的信息,用一种更接近信息本质的描述来代替原有的冗余的描述。

数据压缩是对数据重新进行编码,以减少存储空间。数据压缩以后,文件的容量变小了,可以用压缩比来衡量压缩的数量。有的数据压缩技术可以通过硬件实现,有的数据压缩技术可以通过软件实现,还有的数据压缩技术需要硬件和软件相结合来实现。解压缩是数据压缩的逆过程,就是将一个压缩的文档、文件等恢复到压缩之前的样子。

压缩分为两类,即无损压缩和有损压缩。

(1)无损压缩,也称冗余压缩。无损压缩是完全可逆的,压缩数据可以恢复到与原始数据一模一样。无损压缩由于不会产生失真,因此常用于文档的压缩。无损压缩的压缩比比较低,通常在 2∶1~5∶1 之间。

(2)有损压缩,允许一定程度的失真,即压缩数据解压缩后与原始数据不完全一致。有损压缩常用于图像、视频和音频等文件的压缩。有损压缩的压缩比比较高,通常在 100∶1~200∶1 之间。

例如,JPEG(joint photographic experts group)是由 ISO 和国际电报电话咨询委员会为静态图像所建立的第一个国际数字图像压缩标准,也是至今一直在使用的、应用最广泛的图像压缩标准。JPEG 由于可以提供有损压缩,因此压缩比可以达到其他传统压缩算法无法比拟的程度。

2. 数据压缩的模式

（1）文本数据压缩。

自适应式替换压缩技术常用于文本文件的压缩。它扫描整个文本并且寻找两个或多个字节组成的模式。一旦发现一个新的模式，会用文件中其他地方没有用过的字节来代替这个模式。

例如，文本 the rain in Spain stays mainly on the plain，but the rain in Maine falls again and again，其中"the"是一种模式，在文中出现 3 次，若用"♯"来替换，可以压缩 6 个字节；"ain"出现 8 次，若用"@"来替换，可以压缩 16 个字节；"in"出现 2 次，若用"$"来替换，可以压缩 2 个字节等。可见，文件越长，包含重复信息的可能越大，压缩比也越大。

（2）图像数据压缩。

游程编码是针对图像文件的压缩技术。游程编码又称为运行长度编码或行程编码，是一种统计编码，属于无损压缩编码。

游程编码的基本原理是用一个符号值或串长代替具有相同值的连续符号，连续符号构成了一段连续的"行程"。游程编码后的符号长度少于原始数据的长度。

例如，55555577777333222211111111 的游程编码为(5,6)(7,5)(3,3)(2,4)(1,7)。可见，游程编码的位数远远少于原始字符串的位数。

在对图像数据进行编码时，沿一定方向排列的具有相同灰度值的像素可以看成连续符号，用字符串代替这些连续符号，可大幅度减少数据量。

例如，假设图像中有一个 100 像素的白色区域，并且每个像素用一个字节来表示，则需要100 个字节。经过游程编码压缩后，这 100 个字节的数据被压缩成 2 个字节，其中一个字节值表示 100，另一个字节值表示白色像素的编码。

（3）视频数据压缩。

视频数据的冗余很大，在每一帧图像内都存在大量的冗余信息，并且在相邻的两帧图像之间具有很大的相关性。因此，可以通过减少每秒钟的播放帧数、减少视频窗口的大小等技术，来减少视频信号的存储容量。

此外，视频压缩中还可以用运动补偿技术来减少存储容量。这种技术只存储每一帧之间变化的数据，而不需要存储每一帧中所有的数据。当某个视频片段每帧之间的变化不大时，用运动补偿技术非常有效。例如，一个说话的人的头部，只有嘴和眼睛在变化，而背景却保持相当的稳定，此时计算机只需计算出两帧之间的差别，只存储改变的内容即可。根据数据的不同，运动补偿技术的压缩比可以达到 200∶1。

（4）音频数据压缩。

数字音频的编码必须具有压缩声音信息的能力，最常用的方法是自适应差分脉冲编码调制法，即 ADPCM(adaptive differential pulse code modulation)压缩编码。ADPCM 压缩编码方案信噪比高，数据压缩倍率达 2～5 倍而不会明显失真。因此，数字化声音信息大多使用这种压缩技术。

对于视频和音频数据，只要不损失数据的重要部分，一定程度的质量下降是可以接受的。通过利用人类视觉和听觉的局限，压缩后能够大幅度地节约存储空间，而且得到的结果质量与原始数据质量相比并没有明显的差别。这些有损数据压缩方法通常需要在压缩速度、压缩后数据大小及质量损失这三者之间进行折中。

网络与通信

1.2.1 计算机网络定义

1.计算机网络的定义

计算机网络是指利用通信线路,将处在不同地理位置的、分散的、具有独立功能的多台计算机系统连接起来,按照某种通信协议进行数据通信,以实现数据共享的系统。

在计算机网络诞生的初期,主要目的是用于科学研究,仅有特定的计算机被连接到网络上。随着网络互联技术的日益成熟和电子信息技术的迅猛发展,大量的计算机互联到了网络上。到了20世纪90年代,手机、平板电脑等移动设备开始陆续接入互联网,使得基于互联网的新型服务得到应用和推广。

2.计算机网络的功能

(1)数据通信。

数据通信功能实现了服务器与工作站、工作站与工作站间的数据传输,是计算机网络的基本功能。例如,通过互联网收发电子邮件、网络电话、网络点播等。

(2)资源共享。

资源共享是构建计算机网络的核心,主要包括文件资源共享、硬件资源共享和数据共享。资源共享可以避免数据库、文件、程序等的重复开发,避免计算机设备的重复购置,可以最大限度地降低成本,提高效率。

(3)实现分布式处理。

分布式处理是将大型信息处理问题分散到网络中的多台计算机中协同完成,解决单机无法完成的信息处理任务,如电子商务、股票、金融等在线交易系统。

(4)实时控制。

实时控制是把网络中许多联机系统连接起来,进行实时的集中管理,使各部件协同工作、并行处理,提高系统的处理能力,如工业自动化控制、国防安全监控、联机会议等。

(5)提高计算机的可靠性。

计算机网络系统建立后,重要的资源可以通过网络在多个地点互做备份,并使用户可以通过几条路由来访问网内的资源,从而可以有效地避免单个部件、计算机等的故障影响用户的使用。

3.计算机网络的拓扑结构

网络拓扑结构是指采用拓扑学的方法描述网络中各个节点机的连接方式的几何图形结构。

网络的基本拓扑结构可分为星型、环型、总线型、树型和网状型等,如图1.6所示。

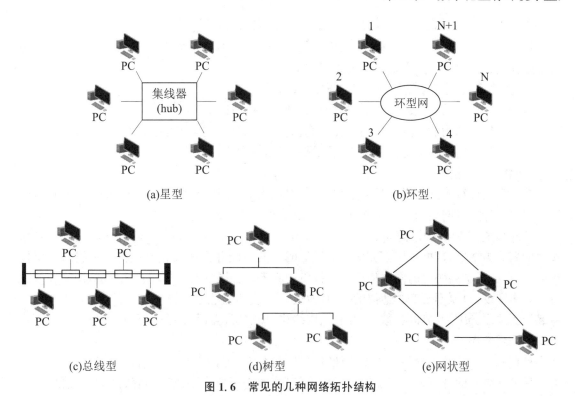

(a)星型　　　　　　　　　　　　　　(b)环型

(c)总线型　　　　　　(d)树型　　　　　　(e)网状型

图 1.6　常见的几种网络拓扑结构

（1）星型拓扑结构。

星型拓扑结构是以中央节点为中心与外围节点连接而成的,各节点与中央节点通过点与点方式连接,中央节点执行集中式通信控制策略。

星型拓扑结构的特点是结构简单、易于管理和控制、网络延迟时间较小、传输误差较低等。它的缺点是线路利用率低、连线费用高、可靠性较低、资源共享能力差、不易于网络扩展等。

（2）环型拓扑结构。

环型拓扑结构中各节点通过接口连在一条闭合的环形通信线路中,环路中各个节点的地位和作用是相同的,都可以向环路发送信息。任何两个节点之间的通信都必须经过环路,数据按照相同的方向在环路上传输,传输数据的时间是固定的。

环型拓扑结构的特点是结构简单、易于实时控制、传输速率高、传输距离远等。它的缺点是某个节点发生故障时,会给整个网络造成影响;环路封闭,不易于维护和扩展等。

（3）总线型拓扑结构。

总线型拓扑结构是以一条称为总线的公共的中央主电缆作为传输介质,在总线上安装连接了工作站、主机和服务器等设备。每个设备都在侦听总线,判断总线上数据是否传送给它。在总线型拓扑结构中,任何一个节点的信息都可以沿着总线向两个方向传输扩散,并且能被总线中任何一个节点所接收。

总线型拓扑结构的特点是结构简单灵活、成本低、易于扩展、可靠性高、响应速度快、安装方便、共享资源能力强等。它的缺点是总线负荷重、易产生瓶颈、查找故障点困难等。

（4）树型拓扑结构。

树型拓扑结构是总线型拓扑结构和星型拓扑结构的扩展,它采用分层结构,具有一个根节点和多层分支节点。在树型拓扑结构中,数据的传输必须经过根节点,然后再以广播的形式发送至全网。

树型拓扑结构的特点是结构简单、成本低、易于扩展、易于维护等。它的缺点是对根节点的依赖性大、可靠性低、共享资源能力差等。

（5）网状型拓扑结构。

网状型拓扑结构中任何两个节点之间都可以相互连接。

网状型拓扑结构的特点是传输路径可选、能够动态分配网络容量、容错能力强、可靠性高、扩展能力强等。它的缺点是机制复杂、成本高、组网技术要求高等。

4. 网络体系结构

为了简化计算机网络设计的复杂程度，一般将网络分成若干层，网络的各层都具有相应的层间协议。计算机网络的各层定义和层间协议的集合称为网络体系结构。

开放系统互连参考模型（open systems interconnection reference model，OSI-RM）将网络按功能划分为 7 层，其中每层都完成一个定义明确的功能并按协议相互通信。每层向上层提供服务，在完成本层协议的同时使用下层提供的服务。各层的服务是相互独立的，层间通信通过接口来实现，只要不改变其他层的接口，改变某一层的功能不会影响通信的进行。OSI-RM 从底层到顶层分别为物理层、数据链路层、网络层、传输层、会话层、表示层、应用层。

5. 网络协议

计算机网络涉及多种不同类型的计算机、操作系统、传输介质及应用软件等设备和资源，为了保证网络中的计算机之间能够正确传输信息，就必须要求信息的内容、格式、传输顺序等遵守一定的规则、标准和约定，通常把这些通信规则、标准和约定的集合称为网络协议。一般来说，网络协议由语法、语义和时序 3 个要素组成。其中，语法规定通信信息的结构和格式，语义规定对通信过程的解释和说明，时序则详细说明通信的实现方式等。

传输控制协议/互联网协议（transmission control protocol/internet protocol，TCP/IP）是网络中普遍采用的通信协议，该协议为网络中计算机间通信的实现提供保证。TCP/IP 是一组通信协议集合的总称。在这组协议中，最重要的是 TCP 和 IP。

TCP/IP 遵守一个 4 层的模型概念，即网络层、互联层、传输层和应用层。其中的每层对应着 OSI-RM 中的一层或多层。

（1）网络层。

网络层规定了数据包从一个设备的网络层传输到另外一个设备的网络层的方法，即负责数据包的发送和接收。数据帧是网络传输信息的独立单元。

（2）互联层。

互联层确定数据包从源端到目的端的选择路由算法，该层包括 4 个核心协议。

①互联网协议（IP）：负责在主机和网络之间寻址和路由数据包。

②地址解析协议（address resolution protocol，ARP）：获得同一物理网络中的硬件主机地址。

③互联网控制报文协议（internet control message protocol，ICMP）：发送消息，并报告有关数据包的传送错误。

④互联网组管理协议（internet group management protocol，IGMP）：支持单个的主机把本机的组成员关系及时通告给本网络上的路由器。

（3）传输层。

传输层在计算机之间提供通信会话。传输协议的选择根据数据传输方式而定,该层包括 2 个核心协议。

①传输控制协议(TCP):为应用程序提供可靠的通信连接。

②用户数据报协议(user datagram protocol,UDP):提供无连接通信,且不对数据包进行可靠性的保证,数据包的可靠性由应用层来负责。

(4)应用层。

应用层负责处理特定的应用程序数据,允许应用程序访问其他层的服务,它定义了应用程序用来交换数据的标准。应用层包含大量的协议,如超文本传送协议(hypertext transfer protocol,HTTP)、文件传送协议(file transfer protocol,FTP)、简单邮件传送协议(simple mail transfer protocol,SMTP)、远程上机协议(telnet protocol)等。

TCP/IP 建立了分组交换(或包交换)的网络工作方式,可以减少由数据丢失或出错引发的重发操作。当传输数据时,TCP 首先将整个数据分解为组(或包),每个分组上标注发送者和接收者的地址,然后由 IP 将分组从发出地经过一系列路由器和若干节点传送到目的地。在这个过程中,路由器的作用是通过路由表决定数据的转发路径。

6. 网络覆盖范围分类

根据网络节点分布和作用地理范围的不同来划分,网络可分为局域网(local area network,LAN)、城域网(metropolitan area network,MAN)和广域网(wide area network,WAN)。

(1)局域网就是在局部地区范围内的网络,它所覆盖的地区范围较小。局域网在计算机数量配置上没有太多的限制,少的可以只有两台,多的可达几百台。一般来说,在企业局域网中,工作站的数量在几十到两百台左右。在网络所涉及的地理距离上,一般来说可以是几米至 10 km 以内。局域网一般位于一个建筑物或一个单位内,其结构简单,布线容易。

(2)城域网一般来说是在一个城市,但不在同一地理小区范围内的计算机互联。这种网络的连接距离可以在 10~100 km。城域网与局域网相比扩展的距离更长,连接的计算机数量更多,在地理范围上可以说是局域网的延伸。在一个大型城市或都市地区,一个城域网通常连接着多个局域网,如连接政府机构的局域网、医院的局域网、电信的局域网、公司企业的局域网等。由于光纤连接的引入,使城域网中的局域网的传输速率可高达 10 Gbps 以上。

(3)广域网也称为远程网,所覆盖的范围比城域网更广,它一般是在不同城市的局域网或城域网之间互联,地理范围可以从几百千米到几千千米。广域网中连接了大量的主机,主机通过通信子网连接起来,而通信子网是互联网服务提供商拥有和运营的。

1.2.2　数据通信

1. 数据通信

数据通信是指通过传输介质在两台设备间进行信息的传递。通信中产生和发送信息的一端叫作信源,接收信息的一端叫作信宿,信源和信宿之间的通信线路叫作信道。信息在进入信道时要变换为适合信道传输的形式,在进入信宿时又要变换为适合信宿接收的形式。信道的物理性质不同,对信道的速率和传输质量的影响也不同。另外,信息在传输过程中可能会受到外界的干扰,这种干扰被称为噪声。不同的物理信道受各种干扰的影响不同,例如,如果信道上传输的是电信号,就会受到外界电磁场的干扰。

2. 模拟信号和数字信号

数据可以分为模拟数据和数字数据。模拟数据的特点是在某时间段内其数值是连续的，如语音；数字数据的特点是其数值是离散的，如计算机中的数据。数据通信的主要任务是将数据转换为信号通过传输介质进行传输和交换。根据转换的数据不同，信号分为模拟信号和数字信号。电话线上传送的声音是按照其强弱，在两个振幅的峰值之间持续振荡变化的，这种信号称为模拟信号。计算机产生的信号是采用两种不同的电平来表示0,1序列的电压，这种信号称为数字信号。

数字信号转换为模拟信号，称为调制，模拟信号转换为数字信号，称为解调。将调制和解调两种功能结合在一起的设备称为调制解调器。

3. 基带传输、频带传输和宽带传输

数据在计算机中是以离散的二进制数字信号表示的，通信时根据通信信道所允许的信号类型，决定数据是以数字信号还是以模拟信号进行传输。利用数字信号传输数据的方法称为基带传输，利用模拟信号传输数据的方法称为频带传输。

采用基带传输，需要对传输的数据进行数字信号编码。因为数字信号只取有限个离散值，在传输过程中即使受到噪声的干扰，只要没有畸变到不可辨认的程度，就可以用信号再生的方法进行恢复，对某些数码的差错也可以用差错控制技术加以消除，所以基带传输有利于信号不失真地进行传送。但是，传输数字信号比传输模拟信号所要求的频带要宽得多，因此信道的利用率低。

采用频带传输，则需对传输的数据进行模拟信号的调制，模拟信号在传输过程中会衰减，还会受到噪声的干扰，如果用放大器将信号放大，混入的噪声也将同时被放大，所以频带传输不利于信号不失真地进行传送。但是，由于调制信号的频谱较窄，因此信道的利用率较高。

宽带是比音频带宽更宽的频带，它包括大部分电磁波频谱。采用宽带传输，要将信道分成多个子信道，借助频带传输，分别传送音频、视频和数字信号。

4. 比特率和带宽

计算机通信时，通常采用比特率来衡量传输速率，比特率就是每秒钟发送的比特数（bits per second，bps）。例如，宽带的传输速率是5～10 Mbps。

信号包含的频率范围称为信号的频谱，信号频谱的最大值与最小值的差值称为信号的带宽。例如，语音的频谱通常在300～3 300 Hz之间，带宽是3 000 Hz。

每一种传输介质都有其独特性，即允许某些频率的信号通过，阻止或衰减其他频率的信号。介质的带宽是介质满足传输要求时的最高频率与最低频率的差值。例如，某种传输介质允许通过的频率在1 000～4 000 Hz之间，则其带宽是3 000 Hz。

5. 传输介质

常用的网络传输介质可分为两类：一类是有线传输介质；另一类是无线传输介质。有线传输介质主要有同轴电缆（coaxial cable）、双绞线（twisted pair）及光缆（optical cable）等。无线传输介质有微波、无线电、激光和红外线等。

（1）双绞线。

双绞线是由4对铜线相互绞合在一起的传输介质。双绞线中每根线都用带颜色的绝缘层来标记，成对的两条铜线相互绞合在一起，使电磁辐射和外部电磁干扰减到最小。双绞线可以传输模拟信号，也可以传输数字信号。使用双绞线时要在双绞线的两端使用被称为水晶头的RJ45接口，如图1.7所示。

双绞线分为非屏蔽双绞线(unshielded twisted pair,UTP)和屏蔽双绞线(shielded twisted pair,STP)。常用的 UTP 包括 3 类、4 类和 5 类等型号。双绞线是一种价格低、易于连接的传输介质,其数据传输速率能达到 10～100 Mbps,非常适合于局域网的连接,也是现在局域网中最常见的传输介质。

(2)同轴电缆。

同轴电缆可分为粗缆和细缆两类。不论是粗缆还是细缆,其中央都是一根铜线,外面包有绝缘层,如图 1.8 所示。同轴电缆和计算机相连接需要使用的接头叫作 BNC(Bayonet Neill-Concelman)连接器,线路连接还需要使用 T 型头、终结器等部件。

图 1.7 双绞线和 RJ45 接口　　　　　　　图 1.8 同轴电缆的构造

根据传输频带的不同,同轴电缆可分为基带同轴电缆和宽带同轴电缆两种类型。基带同轴电缆同一时间内只能传输一种信号,宽带同轴电缆同一时间内能传输不同频率的多种信号。

(3)光缆。

光缆是由许多极细的塑胶或玻璃纤维外加绝缘护套组成的,光束在玻璃纤维内传输。利用光缆连接网络,两端必须连接光电转换器和一些其他辅助设备。

光缆分为单模光缆和多模光缆。单模光缆由激光作光源,仅有一条光通路,传输距离在 2 km 以上。多模光缆由二极管发光,传输速率低,传输距离在 2 km 以内。

光缆防磁防电、传输稳定、传输质量高,适用于高速网络和骨干网,可以达到每秒数千兆的传输速率,但成本比较高。图 1.9 所示为带有不同接头的光缆。

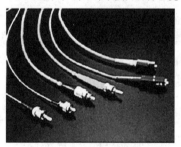

图 1.9 光缆及接头

(4)无线传输介质。

无线传输介质主要包括无线电和微波等,适用于布线困难的场合和移动通信。无线电的频段覆盖从低频到特高频,具有广播通信特点,广泛用于广播、电视和寻呼系统。微波的频率范围是 100 MHz～10 GHz,带宽较大,具有单播通信特点,广泛用于移动电话、卫星通信和无线局域网。

6. 数据交换技术

在计算机网络中,通信是要跨越多个节点实现的,必须采用数据交换技术。目前在计算机网络中使用的数据交换技术包括以下几种。

（1）电路交换。

电路交换又称线路交换，是一种在发送端和接收端之间实际建立一条物理信道的交换方式。电路交换典型的例子是电话交换机，打电话者拨通对方号码后，在电话交换机中就有一条线路把两个号码对应的线路端点连接起来，构成一条专用通信信道。通话完毕挂机，电话交换机内的线路被拆除。

（2）报文交换。

报文（message）是一种经过包装的数据，即把要发送的数据与发出地、目的地等有关信息结合在一起组成一个报文，每个报文按照去向不同送入通信网络中不同节点机的缓冲区去排队，当某一条链路空闲时，就从相应节点机的缓冲区中取出一个报文发送到下一节点，下一节点再进行转发，直至报文到达接收端。这种交换方式有不少优点，如线路利用率较高；收发双方无须同时工作，当接收方忙碌时，整个网络都可以作为它的缓冲；根据报文的长短或其他特征可以给报文建立优先级，使得一些短的、重要的报文能优先传递。它的缺点是延时长，不宜用于实时通信或交互通信。

（3）分组交换。

分组交换的工作方式与报文交换大致相同，区别在于报文交换是以整个报文（数据块）为信息交换单位，而分组交换则是把大的数据块分割成若干个小块，然后为每个小块数据加上有关地址信息及分组信息，组成一个数据包（称为"分组"或"包"）。数据包的长度有限，通常为几十到几百个字节。这些数据包按照类似于流水线的方式在网络中经过缓冲、转发而到达目的地。分组交换方式加速了信息在网络中的传输，简化了缓冲器的管理，减少了出错率和重发信息量，方便了优先权策略的采用，提高了通信线路的有效利用率。

1.2.3　局域网

1. 网络互联设备

（1）网络适配器。

网络适配器（network adapter）又称网络接口卡（network interface card，NIC）（简称网卡），是计算机与传输介质进行数据交互的部件。它一端通过总线接口与计算机设备相连，另一端通过电缆接口与网络传输介质相连。随着各种宽带接入方式的普及，网卡的需求大大提高。现在大多数网卡是集成在主板上的。

（2）集线器。

集线器（hub）是一种特殊的中继器，也能起到将信号放大整形、延长网络距离的作用。它与中继器的区别在于能够提供多端口服务，每个端口都可以与传输介质相连。集线器一般有8个以上的端口，可将多个节点汇接，起到中枢的作用。

（3）交换机。

交换机（switch）是一种智能化的集线器，它在完成数据传输的前提下，能够将网络分段，并增加线路交换和提高传输带宽的功能。相比较而言，集线器是以广播的方式将数据包发送到所有与集线器相连的节点，数据在传输过程中独占传输资源；而交换机不采用广播的方式发送数据，它通过加入一定的差错控制，避免无效数据的传输，其传输资源也可以为多个不同发送方的数据包同时占有，从而提高网络的功能和效率。

（4）路由器。

路由器（router）是提供多个同类独立子网互联服务的一种存储和转发设备。它工作在网络层,比网桥的功能更加完善,可以根据传输费用、网络拥塞、信息源与目的地的距离等不同情况,自动选择最佳路径完成数据的传输。在实际应用中,路由器通常作为局域网和广域网的连接设备。

(5)无线接入点。

无线接入点(wireless access points,WAP)俗称"热点"。无线接入点是使用无线设备(手机等移动设备或笔记本电脑等无线设备)的用户进入有线网络的接入点,主要用于宽带家庭、大楼内部、校园内部、园区内部等需要无线监控的地方,典型距离覆盖几十米至上百米。无线接入点是有线局域网和无线局域网之间的桥梁。

2. 局域网组网

局域网包括以太网(ethernet)、ATM网(asynchronous transfer mode,异步传输模式)和无线局域网等类型。目前使用最广泛的是以太网,以太网是指基带局域网,自从1982年以太网协议被电气电子工程师学会(Institute of Electrical and Electronics Engineers,IEEE)采纳成为标准以后,已经成为局域网事实上的标准。

早期以太网多使用总线型拓扑结构,采用同轴电缆作为传输介质,连接简单,通常在小规模的网络中,不需要专用的网络设备,但由于它存在的固有缺陷,逐渐被以集线器和交换机为核心的星型拓扑结构所代替。星型拓扑结构可以通过级联的方式很方便地将网络扩展到很大的规模,因此得到了广泛的应用,被绝大部分的以太网所采用。

以太网不是一种具体的网络,而是一种技术规范。该技术规范定义了在局域网中采用的电缆类型和信号处理方法。根据吞吐量的大小,以太网又包括标准以太网(10 Mbps)、快速以太网(100 Mbps)、千兆以太网(1 000 Mbps)和10 Gbps以太网。

3. 局域网的组成

局域网一般由服务器、工作站、网络通信设备和通信协议4个部分组成。

(1)服务器。

在网络环境下,根据服务器提供的服务类型不同,分为文件服务器、数据库服务器、应用程序服务器、Web服务器等。服务器负责通信控制,它的性能直接影响整个网络的性能。服务器的构成包括处理器、硬盘、内存、系统总线等,与通用的计算机架构类似,但是由于需要提供高可靠的服务,因此在处理能力、稳定性、可靠性、安全性、可扩展性、可管理性等方面要求较高。所以,一般可以将配置较高、运算速度较快的计算机作为服务器使用,但若对网络性能要求较高,则应该选用专门的服务器。

(2)工作站。

工作站又称为客户机,是指局域网中用户使用的计算机。它要通过网络通信设备连接到服务器。工作站具有本机的操作系统,既可以独立运行,又可以通过网络软件访问服务器的资源,使用服务器提供的各种服务。

(3)网络通信设备。

网络通信设备是指将服务器与工作站连接起来所使用的物理线路和互联设备等,如网卡、集线器、交换机等网络硬件。

(4)通信协议。

局域网内部是按照通信协议进行通信的。在目前常用的局域网通信协议中,NetBEUI协议主要用于单独一个网段的小型局域网,不具备跨网段工作的能力,具有速度快、通信简便等特点;IPX/SPX协议是由诺威尔公司针对NetWare操作系统开发的协议集,具有多网段的路由功能,可用于大型局域网;TCP/IP是为互联网制定的协议集,广泛应用于各种规模的网络中。

1.2.4 Internet 及 Internet 地址

互联网(Internet)是由美国国防部提出研制的高级研究计划局网络(Advanced Research Project Agency network,ARPANET)发展而来的,是世界上最大的跨越国界的互联网络。它是由许多不同类型、不同规模、不同结构的计算机网络和成千上万的计算机组成的,其中的网络包括局域网、城域网和广域网等,计算机包括个人机、小型机、大型机和巨型机等。

Internet 有几个核心的骨干网,骨干网上有许多交汇的节点,通过这些节点可以将下一级的子网络连接到骨干网上,使得 Internet 能够由美国扩展到欧洲、亚洲甚至世界的各个地方,子网络则为其区域内的用户提供各种 Internet 服务。

1. IP 地址

(1)IP 地址的构成与分类。

在 Internet 上,每个网络和每一台计算机都被分配一个 IP 地址,这个 IP 地址在整个 Internet 中是唯一的。通常所说的 IP 地址是指 IPv4 地址,它采用 32 位二进制数码的通用地址格式。

IP 地址由网络号部分和主机号部分构成,寻址时,先根据网络号找到相应的网段,然后再根据主机号找到相应的计算机。但是 32 位二进制数码形式的 IP 地址不容易记忆,于是把它分成 4 段 8 位的二进制串,并将每一段都转化为十进制数字形式(0~255),中间用"."分开,形成了现在普遍使用的 IP 地址形式。例如,沈阳师范大学网站的 IP 地址为 210.30.208.37。

由于 Internet 是一个网际网,因此各个组成网的规模是不同的,容机数量也存在很大差异。为了充分利用有限的 IP 地址管理不同种类的网络,将 IP 地址进行了分类,共分成 A,B,C,D,E 这 5 类,其中常用的是 A,B 和 C 类地址,它们的地址取值范围如表 1.1 所示。

表 1.1 A,B 和 C 类地址的取值范围

地址类别	取值范围	最大网络数	最大主机数
A 类	0.0.0.0~127.255.255.255	126	16 777 214
B 类	128.0.0.0~191.255.255.255	16 382	65 534
C 类	192.0.0.0~233.255.255.255	2 097 150	254

例如,沈阳师范大学计算中心网络学习资源服务器的 IP 地址是 192.168.131.254,可以知道该地址是一个 C 类地址,该计算机属于 Internet 上网络号为 192.168.131.0 的网段,本机代号是 254。另外,TCP/IP 规定,主机号全为 0 的地址和主机号全为 1 的地址为保留地址,具有特殊意义,其中主机号全为 0 的地址表示的是当前计算机所处网络的网络地址,主机号全为 1 的地址用于网络的广播,称为广播地址。

(2)子网、子网掩码与默认网关地址。

在实际的网络编码中,会出现 32 位的 IP 地址所表示的网络数不够分配的问题。为了解决这一问题,可以根据实际所需的子网数量,将 IP 地址的主机号部分再次划分为子网号与主机号,由 IP 地址的网络号部分和子网号部分共同标识网络。网络中子网的划分情况,可以通过子网掩码表明。子网掩码也是一个 32 位的二进制数码,它与 IP 地址进行逻辑"与"运算,

所得到的运算结果就是网络地址。对没有划分子网的网络,可以采用缺省的子网掩码。具体来说,A 类 IP 地址的缺省子网掩码是 255.0.0.0,B 类 IP 地址的缺省子网掩码是 255.255.0.0,C 类 IP 地址的缺省子网掩码是 255.255.255.0。对于划分了子网的网络,则必须通过子网的个数和可容纳的机器数来确定相应的子网掩码。

默认网关地址指的是本地子网中路由器的 IP 地址。当网络中的某台计算机发送数据时,IP 协议首先检查数据发送的目的主机是否在本地子网中,如果目的主机也在本地子网中,则直接将数据发送给目的主机;如果目的主机不在本地子网中,则需要将数据发送给默认网关,通过默认网关将数据转发到其他网络中。

网络信息中心(network information center,NIC)统一负责全球地址的规划、管理。通常每个国家需成立一个组织,统一向有关国际组织申请 IP 地址,然后再分配给客户。目前,随着网络应用的迅速发展,网络中的计算机越来越多,所以新一代 Internet 采用 128 位二进制数码来表示 IP 地址,称为 IPv6 地址。

(3)MAC 地址。

数据传输时必须具有 IP 地址信息,以明确传输信息的源主机和目的主机。但是,网络中计算机的 IP 地址并不是固定不变的,它可以由用户重新自行设置,也可以由网络根据网络中计算机的情况自动指派。因此,只利用网络层的 IP 地址是不能够准确地将数据传送给目的主机的。

MAC 地址是与网卡一一对应的。全世界生产出来的每一块网卡都有一个唯一的且不重复的编号进行标识,这个编号就是 MAC 地址。MAC 地址由 48 位二进制数码组成,通常分成6 段。查看本机 MAC 地址的操作步骤如下:

①右击桌面上的"网络"图标,在弹出的快捷菜单中选择"属性"命令;

②单击"以太网"连接,打开"以太网 状态"对话框;

③单击"详细信息"按钮,查看 MAC 地址。

图 1.10 所示的"物理地址"项目后面的"2C-F0-5D-EB-ED-4A"即为本机的 MAC 地址。

图 1.10　查看 MAC 地址

MAC 地址是数据链路层的地址,计算机间的通信是由数据链路层最终完成的。网络通信时,数据先经过网络层的数据分组,再封装到数据链路层的 MAC 帧中,然后发送到网络。

2. 域名地址与域名解析

为了便于记忆和表达计算机的地址,通常采用一串有意义的字符来指定网络中的计算机,这就是域名地址。域名地址与 IP 地址是一一对应的。各单位和机构可以为其主机申请注册域名。我国域名的申请注册是由中国互联网络信息中心统一管理的。

为了规范使用,网络中的域名使用分层次结构,由几个子域名组成,每个子域名有明确的意义。规定域名层次划分的管理机制叫作域名系统(domain name system,DNS)。

域名地址是从右至左表述其意义的,最右端的子域名表示顶级域名,最左端的子域名表示主机名称。目前最常用的顶级域名有 com(商业机构)、net(网络服务商)、edu(教育机构)、gov(政府部门)、int(国际组织)、mil(军事部门)、org(团体、组织)等和国家代码,如 cn 代表中国、fr 代表法国、kr 代表韩国等。域名的一般格式为

主机名.单位名.机构或地区名.组织或国家代码。

例如,沈阳师范大学的域名为 www.synu.edu.cn,表示这台计算机是中国教育网中的,单位名称是 synu,主机名称是 www。

由于网络中的计算机是通过 IP 地址识别的,因此在网络上设有一些专门用于将域名地址解析为对应 IP 地址的计算机,这些计算机叫作 DNS 服务器。DNS 服务器采用分布式数据库,当一级 DNS 服务器不能解析某域名时,就向上级 DNS 服务器提交请求,直到把域名转化为对应的 IP 地址。

3. 统一资源定位器

在网络上,每一个信息资源都有统一的且在网络上唯一的地址,该地址叫作统一资源定位符(uniform resource locator,URL),也称为网页地址。URL 详细记录了该信息资源的名称、在网络中的存放位置及获得的方式。URL 一般由 3 个部分组成,它的基本格式如下:

传输协议://存放资源的主机 IP 地址或域名/资源存储路径及资源文件名。

常用的传输协议有以下几种。

超文本传送协议(HTTP)是 www 服务器与浏览器间的通信协议,支持任何类型数据的传输。

文件传送协议(FTP)允许本地计算机将文件上传到远程计算机上,或将远程计算机上的文件下载到本地计算机。

远程上机协议(telnet protocol)允许本地计算机连接到一个支持远程登录的服务器上。

用户利用 URL 可以访问网络中的各种资源。

例如,https://edu.sina.com.cn/gaokao/2024-03-18/doc-inantrfp1115680.shtml 表示使用 URL 访问 edu.sina.com.cn 服务器上,存储在 gaokao/2024-03-18 目录下的,文件名为 doc-inantrfp1115680.shtml 的资源。ftp://192.168.25.61 表示与 IP 地址是 192.168.25.61 的远程计算机进行文件传输。

4. 接入 Internet 的方式

用户接入 Internet 时需要通过因特网服务提供方(the internet service provider,ISP)。ISP 能分配 IP 地址、网关和 DNS 等,提供万维网(World Wide Web,WWW)、网上下载文件、收发电子邮件等服务,是网络最终用户进入 Internet 的入口和桥梁。常用的接入 Internet 的

方式包括以下几种。

（1）ADSL。

ADSL（asymmetric digital subscriber line，非对称数字用户线）是一种能够通过普通电话线提供宽带数据业务的技术，是 DSL（digital subscriber line，数字用户线）的一种。DSL 包括 HDSL（high-bitrate digital subscriber line，高比特率数字用户线）、SDSL（symmetrical digital subscriber line，对称数字用户线）、VDSL（very high-bit-rate digital subscriber line，甚高比特率数字用户线）、ADSL 和 RADSL（rateadaptive digital subscriber line，速率自适应数字用户线）等，一般称之为 xDSL。它们主要的区别就是体现在信号传输速率和距离的不同及上行速率和下行速率对称性的不同这两个方面。xDSL 上行速率与下行速率不对称是与 Internet 中下载数据远远多于上传数据的应用特点相适应的。在 xDSL 中，ADSL 技术是比较成熟的，它所支持的上行速率是 640 kbps～1 Mbps，下行速率是 1～8 Mbps。

频分多路复用技术是 ADSL 技术的核心，它将同轴双绞线（普通电话线）的 1 Mbps 的带宽分成 3 个部分，0～25 kHz 用于普通电话服务，25～200 kHz 用于上传数据通信，200～1 000 kHZ 用于下载数据通信。

通过 ADSL 方式接入 Internet，不需要拨号就能上网，上网和使用电话也可以同时进行。不需要交纳电话费，但需要缴纳 ADSL 的月租费。另外，ADSL 接入方式具有较高下行速率，可以满足视频点播等网络多媒体的要求，是目前最受广大用户认可的一种接入技术。

（2）LAN 方式接入。

LAN 方式接入是利用以太网技术，采用光缆和双绞线的方式对某单位或社区进行综合布线。LAN 方式接入操作简单，只要保证用户的计算机有一块网卡和一根双绞线，然后用双绞线将网卡和网络接入端口连接即可。用户在上网之前，要与局域网的网络管理员联系，申请一个 IP 地址，并获知子网掩码、网关地址、DNS 地址等信息，再通过安装和设置 TCP/IP 后，就可以直接上网了。当然，为了管理和有效利用网络资源，有的局域网会收取一定的费用，在这种情况下，网络管理员在给用户分配 IP 地址的同时，要求用户建立账户，确定用户名和密码等相关信息，以便用户上网时，进行身份验证和收取上网费。

采用 LAN 方式接入可以充分利用单位或社区局域网的资源优势，为用户提供 10 Mbps 以上的共享带宽，并可根据用户的需求升级到 100 Mbps 以上。LAN 方式接入技术成熟、成本低、结构简单、稳定、可扩展性好、便于管理。

（3）WiFi 方式接入。

随着移动设备接入互联网的需求日益增加，无线接入方式得到了良好的发展和应用。WiFi 的英文全称为 wireless fidelity（威发），它是一种短距离无线传输技术。WiFi 信号是由有线网提供的，通过无线路由器就可以把有线网络信号转换成无线网络信号，供支持其技术的计算机、手机、平板电脑等接收。手机如果有 WiFi 功能的话，在有 WiFi 无线网络信号的时候就可以不通过移动、联通等服务商的网络上网，省掉了流量费。另外，厂商进入该领域的门槛比较低，只要在机场、车站、咖啡店、图书馆等人员较密集的地方设置"热点"，并通过高速线路将 Internet 接入上述场所即可不用耗费资金完成网络布线接入，如图 1.11 所示。目前，无线接入的速率最高可达 300 Mbps。

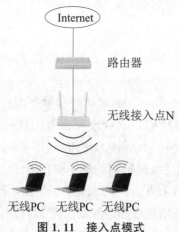

图 1.11　接入点模式

1.2.5　物联网的概念

1. 什么是物联网

物联网是一个基于互联网、传统电信网等信息承载体,让所有能够被独立寻址的普通物理对象实现互联互通的网络。它具有普通对象设备化、自治终端互联化和普适服务智能化 3 个重要特征。

物联网概念是在互联网概念的基础上,将其用户端延伸和扩展到任何物品与物品之间,进行信息交换和通信的一种网络概念。在物联网中,通过射频识别(radio frequency identification,RFID)、红外感应器、全球定位系统、激光扫描器等信息传感设备,能够将任何物品与互联网相连接,并进行信息交换和通信,实现智能化识别、定位、跟踪、监控和管理。

2. 物联网的起源和发展

物联网的概念是在 1999 年提出来的,指在互联网的基础上,利用射频识别技术、无线数据通信技术等,构造一个实现全球物品信息实时共享的实物互联网"Internet of things"(简称物联网)。2005 年 11 月 17 日,在突尼斯举行的信息社会世界峰会(The World Summit on Information Society,WSIS)上,国际电信联盟(International Telecommunications Union, ITU)发布了报告《ITU 互联网报告 2005:物联网》,引用了"物联网"的概念。报告指出,无所不在的"物联网"通信时代即将来临,世界上所有的物体从轮胎到牙刷、从房屋到纸巾都可以通过互联网主动进行信息交换。射频识别技术、传感器技术、纳米技术、智能嵌入技术将得到更加广泛的应用。根据 ITU 的描述,在物联网时代,通过在各种各样的日常用品上嵌入一种短距离的移动收发器,人类在信息与通信世界里将获得一个新的沟通维度,从任何时间、任何地点的人与人之间的沟通连接扩展到人与物和物与物之间的沟通连接。物联网概念的兴起,很大程度上得益于 ITU 在 2005 年以物联网为标题的年度互联网报告。

2009 年,IBM(国际商业机器公司)公布了名为"智慧的地球"的最新策略。此概念一经提出,即得到美国各界的高度关注,甚至有分析认为 IBM 的这一构想极有可能上升至美国的国家战略,并在世界范围内引起轰动。IBM 认为,信息技术产业下一阶段的任务是把新一代信息技术充分运用在各行各业之中,具体地说,就是把感应器嵌入和装备到电网、铁路、桥梁、隧道、公路、建筑、供水系统、大坝、油气管道等各种物体中,并且被普遍连接,形成物联网。

物联网一方面可以提高经济效益,大大节约成本;另一方面可以为全球经济的发展提供技术动力。目前,美国、欧盟、中国等都在投入巨资深入研究探索物联网。我国也高度关注、重视物联网的研究,工业和信息化部会同有关部门在新一代信息技术方面开展研究,以形成支持新一代信息技术发展的政策措施。

3. 物联网的特点

(1)它是各种感知技术的广泛应用。物联网上部署了海量的多种类型的传感器,每个传感器都是一个信息源,不同类别的传感器所捕获的信息内容和信息格式不同。传感器获得的数据具有实时性,按一定的频率周期性地采集环境信息,不断更新数据。

(2)它是一种建立在互联网上的泛在网络。物联网技术的重要基础和核心仍旧是互联网,它通过各种有线和无线网络与互联网融合,将物体的信息实时准确地传递出去。物联网上的传感器定时采集的信息需要通过网络传输,由于其数量极其庞大,形成了海量信息,因此在传输过程中,为了保障数据的正确性和及时性,必须适应各种异构网络和协议。

(3)物联网不仅提供了传感器的连接,而且其本身也具有智能处理的能力,能够对物体实施智能控制。物联网将传感器和智能处理相结合,利用云计算、模式识别等各种智能技术,扩充其应用领域。从传感器获得的海量信息中分析、加工和处理出有意义的数据,以适应不同用户的不同需求,发现新的应用领域和应用模式。

4. 物联网的技术架构

从技术架构上来看,物联网可分为3层:感知层、网络层和应用层。

(1)感知层由各种传感器及传感器网关构成,包括二氧化碳浓度传感器、温度传感器、湿度传感器、二维码标签、RFID 标签和读写器、摄像头、全球定位系统等感知终端。感知层的作用相当于人的眼、耳、鼻、喉和皮肤等神经末梢,它是物联网识别物体、采集信息的来源,其主要功能是识别物体,采集信息。

(2)网络层由各种私有网络、互联网、有线和无线通信网、网络管理系统和云计算平台等组成,相当于人的神经中枢和大脑,负责传递和处理感知层获取的信息。

(3)应用层是物联网和用户(包括人、组织和其他系统)的接口,它与行业需求结合,实现物联网的智能应用。

5. 物联网的应用

(1)智能物流。

传统物流运输中,运输的种类和风险、物流过程中的运输环节和动作方式及物流企业的服务,都影响到物流运输的成本和质量。智能物流利用集成智能化技术,使物流系统能模仿人的智能,具有思维、感知、学习、推理判断和自行解决物流中某些问题的能力。

智能物流可以降低物流仓储成本。智能物流获取技术使物流从被动走向主动,实现物流过程中的主动获取信息、主动监控运输过程与货物、主动分析物流信息,使物流从源头开始被跟踪与管理,实现信息流快于实物流。

智能传递技术应用于物流企业内部,也可实现外部的物流数据传递功能。智能物流的发展趋势是实现整个供应链管理的智能化,因此需要实现数据间的交换与传递,提高服务质量,加快响应时间,促使客户满意度增加,物流供应链环节整合更紧密。

智能技术在物流管理的优化、预测、决策支持、建模和仿真、全球化物流管理等方面的应用,使物流企业的决策更加准确和科学。

(2)智能交通。

　　智能交通系统(intelligent transportation system, ITS)是未来交通系统的发展方向,它是将先进的信息技术、数据通信传输技术、电子传感技术、控制技术及计算机技术等有效地集成运用于整个地面交通管理系统而建立的一种在大范围内、全方位发挥作用的,实时、准确、高效的综合交通运输管理系统。ITS可以有效地利用现有交通设施,减少交通负荷和环境污染,保证交通安全,提高运输效率,因此日益受到各国的重视。

　　21世纪将是公路交通智能化的世纪,人们将要采用的智能交通系统是一种先进的一体化交通综合管理系统。在该系统中,车辆靠自己的智能在道路上自由行驶,公路靠自身的智能将交通流量调整至最佳状态,借助这个系统,管理人员对道路、车辆的行踪将掌握得一清二楚。

　　(3)智能电网。

　　在现代电网的发展过程中,各国结合其电力工业发展的具体情况,通过不同领域的研究和实践,形成了各自的发展方向和技术路线,也反映出各国对未来电网发展模式的不同理解。近年来,随着各种先进技术在电网中的广泛应用,智能化已经成为电网发展的必然趋势,发展智能电网已在世界范围内形成共识。

　　从技术发展和应用的角度看,智能电网是将先进的传感测量技术、信息通信技术、分析决策技术、自动控制技术和能源电力技术相结合,并与电网基础设施高度集成而形成的新型现代化电网。

　　根据目前的研究情况,智能电网就是为电网注入新技术,包括先进的通信技术、计算机技术、信息技术、自动控制技术和电力工程技术等,从而赋予电网某种人工智能,使其具有较强的应变能力,成为一个完全自动化的供电网络。

1.3　计算的本质

1.3.1　图灵机与可计算性

1. 计算本质的探索

　　计算科学的根本问题,是计算科学领域最为本质的科学问题,具有统率全局的作用。要认识什么是计算科学的根本问题,就必须分析人们对“计算”的本质的认识过程。

　　很早以前,我国古代学者就认为,对于一个数学问题,只有当确定了其可用算盘解算它的规则时,该问题才是可解的,这包含着我国古代学者对计算本质的理解。到了中世纪,哲学家提出一个大胆的问题:能否用机械来实现人脑活动的个别功能。这直接导致了后来能进行简单数学运算的机械计算机器的发明和制造。例如,1641年法国人帕斯卡利用齿轮技术制成第一台加法机;1673年德国人莱布尼茨制造的能进行简单四则运算的计算机器;19世纪30年代英国人巴贝奇设计了用于计算对数、三角等算术函数的分析机;20世纪20年代美国人布什研制了能解一般微分方程组的电子模拟计算机。在这些历史进程中,充满着人们对计算过程的本质问题的探索。

2. 图灵机

　　计算的本质最终是由图灵揭示出来的。20世纪30年代后期,数学家图灵(见图1.12)提出一种抽象计算模型,即将人们使用纸笔进行数学运算的过程进行抽象,由一个虚拟的机器替代人们进行数学运算。

图灵机就是指一个抽象的机器,它有一条无限长的纸带,纸带分成了一个一个的小方格,每个方格有不同的颜色,有一个机器头在纸带上移来移去。机器头有一组内部状态,还有一些固定的程序。在每个时刻,机器头都要从当前纸带上读入一个方格信息,然后结合自己的内部状态查找程序表,根据程序输出信息到纸带方格上,并转换自己的内部状态,然后进行移动,如图 1.13 所示。

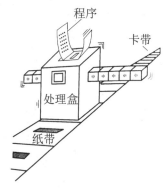

图 1.12 图灵   图 1.13 图灵机

图灵机形式化地阐述了计算的本质:任何计算,在本质上都可以还原为计算者(人或机器)对一条两端可无限延长的纸带上的一串 0,1 进行变换,最终得到一个满足预先规定的符号串的变换过程。由于任何数值和非数值(字母、符号等)对象都可以编码成字符串,它们既可以被解释成数据,又可以被解释成指令,因此任何计算的过程本身也都可以被编码。

3. 可计算性

图灵机有很多变种,但可以证明这些变种的计算能力都是等价的,即它们识别同样的语言类。证明两个计算模型 A 和 B 的计算能力等价的基本思想是:用 A 和 B 相互模拟,若 A 可模拟 B 且 B 可模拟 A,则显然它们的计算能力等价。注意这里暂时不考虑计算的效率,只考虑计算理论上的"可行性"。

除了图灵机以外,人们还发明了很多其他的计算模型。然而这些模型无一例外地都和图灵机的计算能力等价。因此,丘奇、图灵和哥德尔提出了著名的丘奇-图灵论题:一切直觉上能行、可计算的函数都可用图灵机计算,反之亦然。

图灵对计算本质的描述揭示了计算的能行性本质,提出了可计算性的概念。如果一个问题是可计算的,当且仅当它是图灵可计算的。而一个问题是图灵可计算的,当且仅当它有图灵机的能行算法解。所谓能行算法解,即它是一个算法,且能被一台图灵机执行并能使该图灵机停机。基于目前观察得出的归纳,任何计算问题最终可归结为图灵可计算问题。计算的本质也揭示了计算科学的根本问题:什么能被有效地自动化,即对象的能行性问题。

4. 不可计算问题

1931 年,数学家哥德尔证明了哥德尔不完全性定理。哥德尔不完全性定理指出,任何形式系统都是不完的,都不能穷尽全部数学命题,任何形式系统都存在着该系统不能判断其真伪的命题,即任何形式系统中,都存在着不可解的问题。

图灵的研究成果是对哥德尔的研究成果的深化。该成果表明,存在一些问题是不能用任何机械过程解决的,即存在一些问题是图灵机无解的。

货郎担问题(traveling salesman problem,TSP),也称为旅行推销员问题、旅行商问题或中国邮递员问题、一笔画问题,该问题就是一个不可计算问题。旅行商问题(见图1.14)被描述为一名推销员要拜访多个地点时,如何找到在拜访每个地点一次后再回到起点的最短路径。旅行商问题最简单的求解方法是枚举法。它的解是多维的、多局部极值的、趋于无穷大的复杂解的空间,搜索空间是多个点的所有排列的集合。规则虽然简单,但在地点数目增多后,求解却极为复杂。以42个地点为例,由于列举的总路径数量之大,几乎难以计算出来。多年来,数学家绞尽脑汁,试图找到一个高效的算法,但是至今也没有找到。

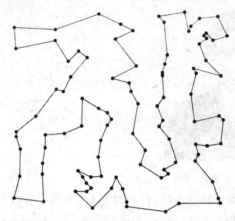

图1.14 旅行商问题

不可计算问题不是在不考虑时间成本的前提下进行研究的,而是指在有限的时间内无法完成的难于计算的问题。如果因为问题规模较大,相应算法需要太多的时间或空间成本来完成计算,那么该算法就是无效的、不可行的解法。如果解决一个问题的已有的算法都是无效的、不可行的解法,那么该问题就可判定为不可计算问题。

1.3.2 算法的自动化

1. 冯·诺依曼计算机系统结构

从1944年开始,冯·诺依曼(见图1.15)参与了世界上第一台通用计算机ENIAC的研制计划。1945年,他和他所率领的科技人员在共同讨论的基础上,发表了一个全新的存储程序通用电子计算机方案。方案明确了计算机由5个部分组成:运算器、控制器、存储器、输入设备和输出设备,并描述了这5个部分的功能和相互关系,为计算机的设计树立了一座里程碑。因此,现代计算机一般常称为冯·诺依曼机,其工作原理如图1.16所示。

图1.15 冯·诺依曼

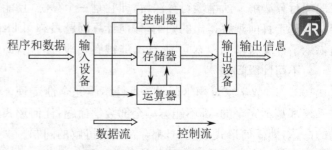

图1.16 冯·诺依曼机工作原理

2. 算法的自动化

冯·诺依曼机的主要特征为:数字计算机的数制采用二进制,计算机应该按照程序顺序执行。这也是冯·诺依曼在计算机科学领域的最伟大的贡献。

冯·诺依曼重要贡献之一是建议电子计算机采用二进制。冯·诺依曼根据电子元件工作的特点,建议在电子计算机中采用二进制。他提到了二进制的优点,预言二进制的采用将大大简化机器的逻辑线路。实践证明了冯·诺依曼预言的正确性。如今,逻辑代数的应用已成为设计电子计算机的重要手段。

冯·诺依曼重要贡献之二是提出了存储程序原理。通过对 ENIAC 的观察,冯·诺依曼敏锐地抓住了它的最大弱点,那就是没有真正的存储器。ENIAC 只有 20 个暂存器,它的程序是外插型的,指令存储在计算机的其他电路中。解题之前,必须先想好所需的全部指令,通过手工把相应的电路联通。这种准备工作要花几个小时甚至几天的时间,而计算本身只需要几分钟。计算的高速与程序的手工存在着很大的矛盾。针对这个问题,冯·诺伊曼提出了存储程序原理的思想:把运算程序存在机器的存储器中,程序设计员只需要在存储器中寻找运算指令,机器就会自行计算,这样就不必每个问题都重新编程,从而大大加快了运算进程。

冯·诺依曼机的设计思想包括以下方面。

(1)需要的程序和数据存储在计算机中。

(2)必须具有长期记忆程序、数据、中间结果及最终运算结果的能力。

(3)具有完成各种算术、逻辑运算和数据传送等数据加工处理的能力。

(4)能够根据需要控制程序走向,并能根据指令控制机器的各部件协调操作。

(5)能够按照要求将处理结果输出给用户。

这一设计思想标志着自动运算的实现,也标志着电子计算机的成熟,它已经成为电子计算机设计的基本原则。

1.3.3 计算思维

1. 科学思维

科学思维一般指的是理论认识及其过程,即经过感性阶段获得的大量材料,通过整理和改造,形成概念、判断和推理,以反映事物的本质和规律。

科学思维主要分为理论思维、实验思维和计算思维。

①理论思维支撑所有的科学领域。定义是理论思维的灵魂,定理和证明则是它的精髓。

②实验思维以实验为基础,借助特定的科学设备或工具来获取数据,供以后的分析和验证数量关系。

③计算思维是运用计算机科学的基础概念进行问题求解、系统设计,以及人类行为理解的涵盖计算机科学之广度的一系列思维活动。计算思维的本质是抽象和自动化。计算思维的结论是构造性的、可操作的、可行的。

2. 计算思维的特征

计算思维是通过约简、嵌入、转化和仿真等方法,把一个困难的问题阐释为如何求解它的思维方法。

计算思维是一种递归思维,是一种并行处理方式,是一种多维分析推广的类型检查方法。

计算思维是一种采用抽象和分解的方法来控制庞杂的任务或进行巨型复杂系统的设计,

是基于关键点分离的方法。

计算思维是一种选择合适的方式陈述一个问题,或对一个问题的相关方面建模使其易于处理的思维方法。

计算思维是一种按照预防、保护及通过冗余、容错、纠错的方式,并从最坏情况进行系统恢复的思维方法。

计算思维是一种利用启发式推理寻求解答,即在不确定情况下的规划、学习和调度的思维方法。

计算思维是一种利用海量数据来加快计算,在时间和空间之间、在处理能力和存储容量之间进行折中的思维方法。

1.4　计算科学与创新

1.4.1　云计算

1. 云计算

云计算(cloud computing)是分布式计算、并行计算、效用计算、网络存储、虚拟化、负载均衡、热备份冗余等传统计算机技术和网络技术发展融合的产物。

美国国家标准与技术研究院定义云计算是一种按使用量付费的模式,这种模式提供可用的、便捷的、按需的网络访问,进入可配置的计算资源共享池(资源包括网络、服务器、存储、应用软件、服务),这些资源能够被快速提供,只需投入很少的管理工作,或与服务供应商进行很少的交互。

云计算是一场新的技术革命,就好比是从古老的单台发电机模式转向了电厂集中供电的模式。它意味着计算和存储也可以作为一种商品进行流通。各种"云计算"的应用服务范围正日渐扩大,影响力也无可估量。谷歌、IBM、阿里巴巴这样的专业网络公司都搭建了计算机存储运算中心,用户通过一根网线借助浏览器就可以很方便地访问,把"云"作为资料存储及应用服务的中心。云计算的蓝图已经呼之欲出,未来或许只需要一台笔记本电脑或一个手机,就可以通过网络服务来实现我们需要的一切,甚至包括超级计算这样的任务。

2. 云计算的服务形式和特点

(1)云计算的服务形式。

云计算可以认为包括以下几个层次的服务:基础设施即服务(infrastructure as a service,IaaS)、平台即服务(platform as a service,PaaS)和软件即服务(software as a service,SaaS)。

基础设施即服务(IaaS):消费者通过互联网可以从完善的计算机基础设施获得服务,如硬件服务器租用。

平台即服务(PaaS):PaaS 实际上是指将软件研发的平台作为一种服务,以 SaaS 的模式提交给用户,如软件的个性化定制开发。PaaS 的出现可以加快 SaaS 应用的开发速度。

软件即服务(SaaS):它是一种通过互联网提供软件的模式,用户无须购买软件,而是向提供商租用基于 Web 的软件来管理企业经营活动,如阿里云服务器。

(2)云计算的特点。

①超大规模。云计算具有相当大的规模。谷歌云计算已经拥有100多万台服务器,亚马逊、IBM、微软等云计算均拥有几十万台服务器。企业私有云一般拥有数百上千台服务器。

②虚拟化。云计算支持用户在任意位置使用各种终端获取应用服务,所请求的资源来自"云",而不是固定的有形的实体。应用在"云"中某处运行,但实际上用户无须了解,也不用担心应用运行的具体位置。

③高可靠性。云计算使用了数据多副本容错、计算节点同构可互换等措施来保障服务的高可靠性,使用云计算比使用本地计算机可靠。

④通用性。云计算不针对特定的应用,而是可以构造出千变万化的应用,还可以同时支撑不同的应用运行。

⑤高可扩展性。云计算的规模可以动态伸缩,满足应用和用户规模增长的需要。

⑥按需服务。云计算是一个庞大的资源共享池,按需购买,计量收费。

⑦极其廉价。由于云计算的特殊容错措施可以采用极其廉价的节点来构成云,自动化集中式管理使大量企业无须负担日益高昂的数据中心管理成本,因此用户可以充分享受云计算的低成本优势。

⑧潜在的危险性。云计算也提供存储服务,云计算中的数据对数据所有者以外的其他云计算用户是保密的,但是对提供云计算的商业机构而言确实毫无秘密可言,所以数据安全具有潜在的危险性。

1.4.2　大数据

1. 大数据的概念和特点

大数据(big data)指的是具有数量巨大、类型多样、处理时效短、数据源可靠性保证度低等综合属性的海量数据集合。大数据是现今高科技时代的产物。物联网、移动互联网、车联网、手机、平板电脑、笔记本电脑及遍布地球各个角落的各种各样的传感器,无一不是数据来源或承载的方式。最早提出"大数据"时代已经到来的机构是全球知名咨询公司麦肯锡。麦肯锡在研究报告中指出:"数据已经渗透到当今每一个行业和业务职能领域,成为重要的生产因素。人们对于海量数据的挖掘和运用,预示着新一波生产率增长和消费者盈余浪潮的到来。"

大数据是互联网发展到现今阶段的一种表象或特征,在以云计算为代表的技术创新大幕的衬托下,原本很难收集和使用的数据开始容易被利用起来了,通过各行各业的不断创新,大数据逐步为人类创造了更多的价值。

大数据具有5V特点:volume(大量)、velocity(高速)、variety(多样性)、value(低价值密度)、veracity(真实性)。

①数据体量大。分析处理的数据量达到TB,PB乃至EB级等。

②处理速度快。市场变化快,要求能及时快速地响应变化,在性能上有更高要求。

③数据多样性。不同的数据来源,非结构化数据越来越多,数据纷杂,需要进行清洗、整理、筛选等操作。

④低价值密度。在庞大的数据中,有用的数据很少。

⑤潜在真实性。由于数据采集不及时、数据样本不全面、数据可能不连续等,数据可能会失真,但当数据量达到一定规模时,可以通过更多的数据得到更真实全面的反馈。

2. 大数据的应用举例

(1)满足客户服务需求。

企业通过搜集社交方面的数据、浏览器的日志、文本和传感器的数据,更好地了解客户及他们的爱好和行为。在一般情况下,需要建立数据模型进行预测。例如,通过大数据的应用,电信公司可以更好地预测出流失的客户;沃尔玛可以更加精准地预测哪个产品会大卖;汽车保险行业会了解客户的需求和驾驶水平;政府也能了解到选民的偏好等。

(2)优化业务流程。

大数据可以帮助企业优化业务流程。典型的就是供应链及配送路线的优化,通过地理定位和无线电频率识别,追踪货物和送货车,利用实时交通路线数据制订更加优化的路线。

(3)提高医疗研发水平。

大数据分析应用的计算能力可以在几分钟内解码整个 DNA(deoxyribonucleic acid,脱氧核糖核酸),帮助医生制订最新的治疗方案,可以更好地去理解和预测疾病。大数据同样可以帮助病人进行更好的治疗。

(4)改善安全执法。

大数据现在已经广泛应用到安全执法的过程当中。企业应用大数据技术防御网络攻击;警察应用大数据工具捕捉罪犯;信用卡公司应用大数据工具来拦截欺诈性交易。

(5)改善城市生活。

大数据还被应用于改善城市生活。基于城市实时交通信息,可以利用社交网络和天气数据来优化最新的交通情况等。

(6)金融交易。

大数据在金融行业的主要应用是金融交易。现在很多股权的交易都是利用大数据算法进行的,这些算法越来越多地考虑社交媒体和网站新闻,决策在未来几秒内是买入还是卖出。

1.4.3 人工智能

1. 人工智能的概念

人工智能(artificial intelligence,AI)是研究、开发用于模拟、延伸和扩展人的智能的理论、方法、技术及应用系统的一门新的技术科学。也就是说,人工智能是研究人类智能活动的规律,构造具有一定智能的人工系统,研究如何让计算机去完成以往需要人的智力才能胜任的工作,也就是研究如何应用计算机的软硬件来模拟人类某些智能行为的基本理论、方法和技术。

人工智能研究使计算机来模拟人的某些思维过程和智能行为(如学习、推理、思考、规划等),主要包括计算机实现智能的原理、制造类似于人脑智能的计算机,使计算机能实现更高层次的应用。人工智能涉及计算机科学、心理学、哲学和语言学等学科,可以说,自然科学和社会科学的所有学科都在人工智能的科学范畴之内。

2. 弱人工智能和强人工智能

弱人工智能是指不能制造出真正地推理和解决问题的智能机器,这些机器只不过看起来像是智能的,但是并不真正拥有智能,也不会有自主意识。人工智能的研究虽然取得了巨大的进步,但进一步发展却面临着诸多哲学难题,例如,有可能剥夺人的思想自由、动摇人的主体性地位、危及人的存在。因此,人工智能研究必须坚持以人为本的原则,在技术为人类所用,不危害人类长远的根本利益的前提下健康发展。

强人工智能观点认为有可能制造出真正能推理和解决问题的智能机器,而且这样的智能机器是有知觉的和有自我意识的,可以独立思考问题并制订解决问题的最优方案,能够建立自己的价值观和世界观体系,具有和生物一样的各种本能。以霍金等为代表的很多学者认为让计算机拥有智商是很危险的,它可能会反抗人类。关键是允不允许机器拥有自主意识的产生与延续,如果使机器拥有自主意识,则意味着机器具有与人同等或类似的创造性、自我保护意识、情感和自发行为。霍金在他最后的著作《重大问题简答》中指出:"未来人工智能可能形成自己的意志——与我们人类相冲突的意志;一种利用基因工程超越同伴的'超人'种群将占据主导地位,这可能毁灭人类。"霍金还强调了规范管理人工智能的重要性,他主张政策制定者、科技行业和普通大众认真研究人工智能的道德影响。

3. 人工智能的应用举例

人工智能的应用非常广泛,下面列举实际生活工作中的应用,进行简要的介绍。

(1)人机对话。

人机对话使用的是语音语义识别技术。当人说话的时候,智能机器接收到语音,并将语音转变为文字,然后对文字进行内容识别和理解,进而生成相应的文字并转化为语音,最后输出语音。

(2)人脸识别。

人脸识别技术可以让个人身份认证的精确度大大提高。首先计算机通过摄像头检测出人脸所在位置,定位出五官的关键点,然后把人脸的特征进行提取,进而识别出人的性别、年龄、肤色和表情等,最后将特征数据与人脸库中的样本进行对比,判断是否为同一个人。

(3)无人驾驶。

无人驾驶可以解除人开车时产生的疲劳感,减少和避免交通事故的发生。首先无人驾驶汽车上的传感器把道路、周围汽车的位置和障碍物等信息搜集并传输至数据处理中心,然后再识别这些信息并配合车联网及三维高精地图做出决策,最后把决策指令传输至汽车控制系统,通过调节车速、转向、制动等功能达到汽车在无人驾驶的情况下也能顺利行使的目的。无人驾驶系统还能对交通信号灯、汽车导航地图和道路汽车数量进行整合分析,规划出最优交通线路,提高道路利用率,减少堵车情况,节约交通出行时间。

(4)机器写作。

机器通过算法对海量原始的信息和数据进行去重、排序、实体发现、实体关联、领域知识图谱生成、筛选和整理,然后形成结构化的内容,最后利用算法和模型把这些内容进一步加工成可读的信息。例如,首先构建全宋词语料库,研究词语共现度,然后对诗词的风格、情感、句法与语义等进行设定,就可以开发出宋词自动创作系统。当输入关键词"菊"和词牌"清平乐"时,系统就可以创作出宋词(样例):

相逢缥缈,窗外又拂晓。长忆清弦弄浅笑,只恨人间花少。黄菊不待清尊,相思飘落无痕。风雨重阳又过,登高多少黄昏。

(5)医疗领域。

世界各国都存在医疗资源不足和分配不均等问题。人工智能医疗通过语音录入病例,提高了医患沟通效率;通过机器筛选医疗影像,减轻医生繁重的工作;通过对患者大数据的分析,随时监控健康状况,预防疾病发生;通过医疗机器人的运用,提高了手术的精度。在药物研发中,通过人工智能算法来研制新药可以大大缩短研发时间和降低成本。

(6)沉浸式体验。

虚拟现实(virtual reality,VR)是一种可以创建和体验虚拟世界的计算机仿真系统,它利用计算机生成一种模拟环境,是一种多源信息融合的交互式的三维动态视景和实体行为的系统仿真,使用户沉浸到该环境中。

增强现实(augment reality,AR)是一种实时地计算摄影机影像的位置及角度并加上相应图像的技术,这种技术的目标是在屏幕上把虚拟世界套在现实世界并进行互动。增强现实能够将真实世界信息和虚拟世界信息"无缝"集成,是把原本在现实世界的一定时空范围内很难体验到的视觉信息、声音、味道、触觉等进行模拟、仿真和叠加,将虚拟的信息应用到真实世界,被人类感官所感知,从而达到超越现实的感官体验。

习 题 一

一、选择题

1. 计算机存储器中,组成一个字节的二进制位数是_____。

    A. 4 bit   B. 8 bit   C. 16 bit   D. 32 bit

2. 用 8 位二进制数能表示的最大的无符号整数等于十进制整数_____。

    A. 255   B. 256   C. 128   D. 127

3. 如果在一个非零无符号二进制整数之后添加两个 0,则此数的值为原数的_____。

    A. 4 倍   B. 2 倍   C. 1/2   D. 1/4

4. 如果删除一个非零无符号二进制整数后的一个 0,则此数的值为原数的_____。

    A. 4 倍   B. 2 倍   C. 1/2   D. 1/4

5. 二进制数 111111 转换成十进制数是_____。

    A. 71   B. 65   C. 63   D. 62

6. 十进制数 121 转换成二进制整数是_____。

    A. 01111001   B. 11100100   C. 10011110   D. 10011100

7. 已知 $a=00101010B$,$b=40D$,则下列关系式成立的是_____。

    A. $a>b$ B. $a=b$ C. $a<b$ D. 不能比较

8. 下列进制的整数中,值最小的是_____。

    A. 十进制数 11   B. 八进制数 11   C. 十六进制数 11   D. 二进制数 11

9. 下列进制的整数中,值最大的是_____。

    A. 十六进制数 78   B. 十进制数 125

    C. 八进制数 202   D. 二进制数 10010110

10. 计算机技术中,下列不是度量存储器容量的单位是_____。

    A. KB   B. MB   C. GHz   D. GB

11. 计算机存储信息的多少是其重要指标之一,5 个存储容量单位 bit,B,KB,MB 和 GB 之间的正确的换算关系是_____。

    A. 1 B=8 字节   B. 1 KB=1 024 bit   C. 1 MB=1 024 B   D. 1 GB=1 024 MB

12. 假设某台式计算机的内存储器容量为 256 MB,硬盘容量为 40 GB,硬盘的容量是内存储器容量的_____。

    A. 200 倍　　　　　B. 160 倍　　　　　C. 120 倍　　　　　D. 100 倍

13. 字长是 CPU 的主要性能指标之一,它表示_____。

    A. CPU 一次能处理二进制数据的位数　　　B. CPU 最长的十进制整数的位数

    C. CPU 最大的有效数字位数　　　　　　　D. CPU 计算结果的有效数字长度

14. 在计算机中,西文字符所采用的编码是_____。

    A. EBCDIC 码　　　B. ASCII 码　　　　C. 国标码　　　　　D. BCD 码

15. 字符的标准 ASCII 码的长度是_____。

    A. 7 bit　　　　　　B. 8 bit　　　　　　C. 16 bit　　　　　D. 6 bit

16. 标准 ASCII 码用 7 位二进制数表示一个字符的编码,其不同的编码共有_____。

    A. 127 个　　　　　B. 128 个　　　　　C. 256 个　　　　　D. 254 个

17. 在 ASCII 码表中,根据码值由小到大的排列顺序是_____。

    A. 空格字符、数字符、大写英文字母、小写英文字母

    B. 数字符、空格字符、大写英文字母、小写英文字母

    C. 空格字符、数字符、小写英文字母、大写英文字母

    D. 数字符、大写英文字母、小写英文字母、空格字符

18. 大写字母的 A 和 C 的 ASCII 码值分别是_____。

    A. 65,66　　　　　B. 65,68　　　　　C. 64,65　　　　　D. 65,67

19. 根据汉字国标 GB/T 2312 — 1980 的规定,二级次常用汉字个数是_____。

    A. 3 000 个　　　　B. 7 445 个　　　　C. 3 008 个　　　　D. 3 755 个

20. 汉字内部码的存储需要的字节个数是_____。

    A. 6　　　　　　　　B. 3　　　　　　　　C. 2　　　　　　　　D. 3

21. 下列属于正确的汉字区位码的是_____。

    A. 5601　　　　　　B. 9596　　　　　　C. 9678　　　　　　D. 8799

22. 汉字的国标码与其内部码存在的关系是:汉字的内部码＝汉字的国标码＋_____。

    A. 1010H　　　　　B. 8081H　　　　　C. 8080H　　　　　D. 8180H

23. 存储 1 024 个 24×24 点阵的汉字字形码需要的字节数大约是_____。

    A. 720 B　　　　　B. 75 KB　　　　　C. 7 000 B　　　　　D. 7 200 B

24. 显示或打印汉字时,系统使用的是汉字的_____。

    A. 机内码　　　　　B. 字形码　　　　　C. 输入码　　　　　D. 国标码

25. 在冯·诺依曼型体系结构的计算机中引进了两个重要概念,一个是二进制,另外一个是_____。

    A. 内存储器　　　　B. 存储程序　　　　C. 机器语言　　　　D. ASCII 编码

26. 计算机网络是一个_____。

    A. 管理信息系统　　　　　　　　　　　B. 编译系统

    C. 在协议控制下的多机互联系统　　　　D. 网上购物系统

27. 计算机网络是按照_____相互通信的。
    A. 信息交换方式   B. 传输装置   C. 网络协议   D. 分类标准

28. 计算机网络最突出的优点是_____。
    A. 提高可靠性   B. 提高计算机的存储容量
    C. 运算速度快   D. 实现资源共享和快速通信

29. 计算机网络的目标是实现_____。
    A. 数据处理   B. 文献检索
    C. 资源共享和信息传输   D. 信息传输

30. 以下不属于计算机网络的主要功能的是_____。
    A. 专家系统   B. 数据通信   C. 分布式信息处理   D. 资源共享

31. 计算机网络是通过通信媒体,把各个独立的计算机互相连接而建立起来的系统,它实现了计算机与计算机之间的资源共享和_____。
    A. 屏蔽   B. 独占   C. 通信   D. 交换

32. 在计算机网络中,英文缩写 LAN 的中文名是_____。
    A. 局域网   B. 区域网   C. 广域网   D. 无线网

33. 传输距离在 10 km 以内,属于一个部门或一个单位组建的小范围网络是_____。
    A. 广域网   B. 局域网   C. 城域网   D. 国际互联网

34. 局域网具有的几种典型的拓扑结构中,一般不含_____。
    A. 星型   B. 环型   C. 总线型   D. 全连接网型

35. 若网络的各个节点通过中继器连接成一个闭合环路,则称这种拓扑结构为_____。
    A. 总线型拓扑   B. 星型拓扑   C. 树型拓扑   D. 环型拓扑

36. 在计算机网络中,所有的计算机均连接到一条通信传输线路上,在线路两端连有防止信号反射的装置,这种连接结构被称为_____。
    A. 总线型拓扑   B. 星型拓扑   C. 环型拓扑   D. 网状型拓扑

37. 在星型局域网结构中,连接服务器与工作站的设备是_____。
    A. 调制解调器   B. 中继器   C. 路由器   D. 集线器

38. 以太网的拓扑结构广泛应用的是_____。
    A. 总线型   B. 环型   C. 星型   D. 树型

39. "千兆以太网"通常是一种高速局域网,其网络数据传输速率大约为_____。
    A. 1 000 bps   B. 1 000 000 bps
    C. 1 000 Bps   D. 1 000 000 Bps

40. 计算机网络中传输介质传输速率的单位是 bps,其含义是_____。
    A. 字节/秒   B. 字/秒   C. 字段/秒   D. 二进制位/秒

41. 在浏览器和 www 服务器之间传输网页使用的协议是_____。
    A. FTP   B. IP   C. HTTP   D. SMTP

42. 若要将计算机与局域网连接,至少需要具有的硬件是_____。
    A. 集线器   B. 网关   C. 网卡   D. 路由器

43. 实现局域网与广域网互联的主要设备是_____。
    A. 交换机   B. 网桥   C. 路由器   D. 集线器

44. 互联网中不同网络和不同计算机相互通信的基础是_____。
    A. ATM　　　　　　B. TCP/IP　　　　　　C. Novell　　　　　D. X. 25

45. 正确的 IP 地址是_____。
    A. 202. 112. 111. 1　　　　　　　　B. 202. 2. 2. 2. 2
    C. 202. 202. 1　　　　　　　　　　 D. 202. 257. 14. 13

46. 正确的 IP 地址是_____。
    A. 202. 112. 111. 1　　　　　　　　B. 202. 202. 5
    C. 202. 258. 14. 12　　　　　　　　D. 202. 3. 3. 256

47. www. zzu. edu. cn 是互联网中主机的_____。
    A. 硬件编码　　　　B. 密码　　　　　　C. 软件编码　　　　D. 域名

48. 有一域名为 bit. edu. cn,根据域名代码的规定,此域名表示_____。
    A. 教育机构　　　　B. 商业组织　　　　C. 军事部门　　　　D. 政府机关

49. 根据域名代码规定,表示政府部门网站的域名代码是_____。
    A. net　　　　　　B. com　　　　　　 C. gov　　　　　　 D. org

50. 为各种组织包括非营利组织而定,任何人都可以注册的域名是_____。
    A. com　　　　　　B. net　　　　　　 C. gov　　　　　　 D. org

51. 在互联网中完成从域名到 IP 地址或从 IP 地址到域名转换服务的是_____。
    A. DNS　　　　　　B. FTP　　　　　　 C. www　　　　　　D. ADSL

52. 非对称数字用户线的接入技术的英文缩写是_____。
    A. ADSL　　　　　B. ISDN　　　　　　C. ISP　　　　　　 D. TCP

53. 用户在 ISP 注册邮箱后,其电子邮箱建在_____。
    A. 用户的计算机上　　　　　　　　　B. 发件人的计算机上
    C. ISP 的邮件服务器上　　　　　　　 D. 收件人的计算机上

54. 若对音频信号以 10 kHz 采样率、16 位量化精度进行数字化,则每分钟的双声道数字化声音信号产生的数据量约为_____。
    A. 1. 2 MB　　　　B. 1. 6 MB　　　　　C. 2. 4 MB　　　　D. 4. 8 MB

55. 某 800 万像素的数码相机,拍摄照片的最高分辨率大约是_____。
    A. 3 200×2 400　　B. 2 048×1 600　　　C. 1 600×1 200　　D. 1 024×768

56. JPEG 是一个用于数字信号压缩的国际标准,其压缩对象是_____。
    A. 文本　　　　　　B. 音频信号　　　　C. 静态图像　　　　D. 视频信号

二、思考题

1. 简述冯·诺依曼结构模型对计算机科学技术发展的突出贡献。

2. 举例介绍如何应用云计算运营商提供的云服务。

3. 请结合本学科专业的领域,简述大数据如何在行业领域发挥作用。

4. 人工智能给人类的学习、生活和工作带来了哪些改变?

习题参考答案

一、选择题

1. B	2. A	3. A	4. C	5. C	6. A	7. A	8. D	9. D	10. C
11. D	12. B	13. A	14. B	15. A	16. B	17. A	18. D	19. C	20. C
21. A	22. C	23. B	24. B	25. B	26. C	27. C	28. D	29. C	30. A
31. C	32. A	33. B	34. D	35. D	36. A	37. D	38. C	39. B	40. D
41. C	42. C	43. C	44. B	45. A	46. A	47. D	48. A	49. C	50. D
51. A	52. A	53. C	54. C	55. A	56. C				

二、思考题

（略）

第2章 算法与程序设计

2.1 算法及算法复杂度

2.1.1 算法的概念

算法是指对问题求解方法准确而完整的描述。算法是一系列解决问题的清晰指令,代表着用系统的方法描述解决问题的策略机制。也就是说,算法能够对一定规范的输入,在有限时间内获得所要求的输出。

算法描述是指对设计出的算法采用一种方式进行详细的描述,以便明确说明解决问题的步骤和过程。算法可采用多种语言来描述,如自然语言或伪代码,也可使用流程图等图形形式。

1. 算法的基本特征

①可行性:算法中描述的操作可以通过已经实现的基本运算有限次地执行来完成,从而得到满意的结果。

②确定性:算法中每一条指令的执行必须有唯一的结果,不允许有二义性。

③有穷性:算法必须在合理的有限时间内,执行有限次后结束。

④拥有足够情报:算法执行得到有效的结果与输入的初始数据有关,当输入不够或输入错误时,会使算法无法执行或得出错误结果,拥有足够情报是算法有效的前提。同时,算法也应该产生至少一个量作为输出。

2. 算法的基本要素

算法有两个基本要素:一是算法中对数据的运算和操作,二是算法的控制结构。

(1)算法中对数据的运算和操作。

在一般的计算机系统中,基本的功能操作有以下几种。

①算术运算:加、减、乘、除等。

②逻辑运算:或、与、非等。

③关系运算:大于、小于、等于、不等于等。

④数据传输:输入、输出、赋值。

(2)算法的控制结构。

各种运算和操作之间的执行顺序称为算法的控制结构。算法的基本控制结构有 3 种:顺序结构、选择(或称分支)结构、循环结构。

①顺序结构是指按照解决问题的顺序描述算法,并且自上而下,依次执行。

②选择结构用于判断给定的条件,根据判断的结果来控制算法执行的流程。

③循环结构是针对需要反复执行某些步骤而设置的一种结构。它通过判断循环执行的条件来决定继续执行循环还是退出循环。

2.1.2 算法的复杂度

算法复杂度的评价有两个指标:时间复杂度和空间复杂度。

1. 算法的时间复杂度

算法的时间复杂度是指计算机执行算法所需要的基本工作量。基本工作量是指忽略与计算机硬件、软件有关的因素,算法在执行过程中所需基本运算的执行次数,这样有利于比较针对同一问题的几种算法的优劣。

算法所执行的基本运算只依赖于问题的规模,它是问题的规模 n 的函数,即

$$算法工作量 = f(n)。$$

例如,在两个 $n \times n$ 矩阵相乘的算法中,"乘法"运算是该算法的基本操作,整个算法执行次数为 n^3,即

$$f(n) = O(n^3),$$

其中 n 是问题的规模,n 阶矩阵越大,算法的时间复杂度也就越大。

在有些情况下,算法中的基本操作重复执行的次数还与问题的输入数据集有关,例如,在一个长度为 n 的一维数组中查找一个特定值为 x 的元素,在顺序比较查找过程中,如果第一个元素恰好是 x,则只要比较一次,但如果最后一个元素是 x,则要比较 n 次。因此,在该查找算法中比较次数与被查值有关,即该算法的复杂度不确定。对这类算法的分析,可以采用以下两种方法。

(1)平均性态。

平均性态是指用各种特定输入下的基本运算次数加权平均值来计算算法的工作量。

设 x 是可能输入的某一个值,$p(x)$ 是输入为 x 的概率,$t(x)$ 是算法在输入为 x 时所执行的基本运算次数,则算法的平均性态定义为

$$A(n) = \sum_{x \in D_n} p(x)t(x),$$

其中 D_n 表示当规模为 n 时,算法执行时所有可能输入值的集合。

(2)最坏情况复杂性。

最坏情况复杂性是指在规模为 n 时算法所执行的基本运算的最大次数,即

$$W(n) = \max_{x \in D_n} \{t(x)\},$$

其中 D_n 表示当规模为 n 时,算法执行时所有可能输入值的集合,$t(x)$ 是算法在输入为 x 时所执行的基本运算次数。

算法的时间复杂度和算法的效率不是相同的概念。算法的效率是指算法执行的时间,算法执行的时间要通过依据算法编制的程序在计算机上运行时所消耗的时间来度量。随着计算机硬件技术的发展,一般算法的效率不会存在硬件影响或瓶颈的问题。当然,对大数据的处理,硬件资源还是需要重点考虑的因素。

优化算法复杂度的关键是对数据的逻辑结构和存储结构进行选择,也就是选择合理的数据组织模型和数据在计算机内部的存储模型是提高算法效率的重要环节。存储模型主要有两种:一种是顺序存储,即数据存放在连续的内存空间内;另一种是链式存储,即数据存放在不连续的内存空间内,依靠指针链指定数据之间的前后逻辑关系。例如,将一组数据存放在连续的内存空间内(顺序存储)还是存放在不连续的内存空间内(链式存储),将影响查找算法的时间复杂度。

2. 算法的空间复杂度

算法的空间复杂度指执行这个算法程序所占用的所有存储空间,包括算法指令、常量、变量等本身所占空间,输入的初始数据所占的空间及算法在执行过程中所需要的额外空间。其中,额外空间包括算法程序执行过程中的工作单元及某种数据结构所需要的附加存储空间。

2.2 典型计算问题的算法设计

2.2.1 算法设计的基本方法

1. 穷举法

穷举法也称枚举法或列举法,就是根据所要解决的问题,列举出所有可能的情况。

例如,在公元 5 世纪我国《张丘建算经》一书中提出了"百鸡问题":"今有鸡翁一,值钱五;鸡母一,值钱三;鸡雏三,值钱一。凡百钱买鸡百只,问鸡翁、母、雏各几何?"

算法:$C_1 + C_2 + C_3 = 100$,并且 $5 \times C_1 + 3 \times C_2 + \frac{1}{3} \times C_3 = 100$,其中 C_1,C_2,C_3 分别代表鸡翁、鸡母、鸡雏。列举所有可能的值,如果满足以上两个式子就是所求的解。

2. 迭代法和递推法

迭代法也称辗转法,是一种不断用变量的旧值递推新值的过程。

递推法指根据已知的初始条件,逐次推出所得的中间结果和最后结果。在迭代的过程中,大多使用递推法。

例如,斐波那契数列的规律是:数列中的第 1 个及第 2 个数是 1,从第 3 个数起,该数是其前面 2 个数之和,那么第 n 个数是多少?

算法:利用 $f(n) = f(n-1) + f(n-2)$ 进行递推。

3. 递归法

递归法是指为了降低问题的复杂程度,将问题逐层分解,最后归结为一些最简单的问题,把最后分解的问题解决后,再按分解的逆过程逐步解决问题,最终解决原始问题的过程。递归法的执行过程分递推和回归两个阶段。

例如,斐波那契数列也可以利用递归法求解。在递推阶段,为计算 $f(n)$,必须先计算 $f(n-1)$ 和 $f(n-2)$,而计算 $f(n-1)$ 和 $f(n-2)$,又必须先计算 $f(n-3)$ 和 $f(n-4)$。以此类推,直至计算 $f(1)$ 和 $f(0)$,分别能立即得到结果 1 和 0。在回归阶段,当得到 $f(1)$ 和 $f(0)$ 以后,返回得到 $f(2)$ 的结果⋯⋯在得到了 $f(n-1)$ 和 $f(n-2)$ 的结果后,返回得到 $f(n)$ 的结果。

由于递归引起一系列的自身函数调用,即所谓的"自己调用自己",并且可能会有一系列的重复计算,因此递归法的执行效率相对较低。当解决某个问题可以在递归法和递推法中进行选择时,通常选择递推法。

4. 减半递推法

减半递推法是指将问题的规模减半,而问题的性质不变,所谓"递推"是指重复"减半"的过程。

例如,判断一个数 N 是否是素数的问题,其中素数是指只能被 1 和它自身整除的数。

算法:先用 2 去除 N,如果不能整除,就继续用 3 去除 N,如果不能整除,就继续用 4 去除 N……当用小于 N 的某个数去除 N 时能够整除了,就可以得出 N 为非素数的结论。但是,经过算法优化,对除数的规模缩减到 $2 \sim \sqrt{N}$ 时,就可以判断 N 是否为素数。

5. 归纳法

归纳法是根据少量的列举,经过分析,从中找出一般性的规律,再经验证最后得出正确结论。

例如,斐波那契数列是 1,1,2,3,5,8,13,…,可以归纳出从第 3 个数起,该数是其前面 2 个数之和。

6. 回溯法

回溯法是找出一个解决问题的线索,逐步进行试探,成功则继续进行试探,失败就返回上一步,再按其他路径试探的过程。

例如,图 2.1 所示的迷宫问题,迷宫左上角是入口,右下角是出口,从入口进,从出口出。将迷宫问题抽象成一个由 0 和 1 组成的矩阵,其中 1 表示可以通行,0 表示不能通行,只能向右和向下两个方向走,求出所有的走出迷宫的路线。

```
1 1 1 1
0 1 0 1
0 1 0 1
0 1 1 1
```

图 2.1 迷宫问题

算法:从入口进,先往右走,再往下走,再往右走,发现此路线不能走通,路线选择失败,则返回到上个位置。所以,只要记住曾经走过的点,就可以退回到可以下一次试探前进的位置,直到选择的路线走通为止。

7. 分治法

分治法是指将一个难以直接解决的大问题,分割成一些规模较小的相同问题,以便各个击破,分而治之的过程。二分法就是典型的分治法。

例如,一个装有 32 枚硬币的袋子,32 枚硬币中有 1 枚是假币,假币的重量比真币要轻。现有一台可用来比较两组硬币重量的仪器,请使用分治法设计一个算法,找出那枚假币。

算法:先将 32 枚硬币分为两组,各组有 16 枚硬币,分别称重,比较重量,重的组舍去,留下轻的那组。接下来对轻的那组继续分成两组,每组 8 枚硬币,分别称重,比较重量,重的组舍去,留下轻的那组……直至每组剩下 1 枚硬币,称重,比较,轻的那枚硬币就是假币。

2.2.2　典型计算问题的算法设计

1. 利用迭代法解决求和问题

具体要求:计算任意 n 个数的和。

算法设计:该题包含 3 个量,第一个是 n,第二个是加数(用 num 表示),第三个是和(用 s 表示)。

确定迭代变量:在需要解决的问题中,选取一个需要不断由旧值递推出新值的变化的量,即迭代变量。从 3 个量中可以选取 s 作为迭代变量。

确定迭代关系式:该关系式应给出如何从变量的前一个值递推出其下一个值的公式。本题的迭代关系式为 $s=s+num$,表示用前一个和加上一个加数得出下一个和。

确定控制迭代的结束:迭代过程不应该是无休止地重复下去的,应该有结束控制条件,当条件满足时就控制迭代过程结束。本题中的 n 可以起到控制条件的作用,因为当 n 个加数都处理完了,迭代就应该结束。

下面给出算法的流程图(取 $n=10$),如图 2.2 所示。

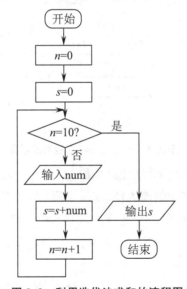

图 2.2　利用迭代法求和的流程图

2. 利用递归法解决求积问题

具体要求:计算 $n!$。

算法设计:该题包含 2 个量,一个是 $n!$ 的结果,用 f 表示;另一个是当前数,用 n 表示。注意数学上规定 $0!=1$。

$$f=n!=n\times(n-1)!=n\times(n-1)\times(n-2)!$$
$$=\cdots\cdots$$
$$=n\times(n-1)\times(n-2)\times\cdots\times0!$$
$$=n\times(n-1)\times(n-2)\times\cdots\times1。$$

确定递归出口:递归出口定义了递归的终止条件,当递归出口终止条件满足时,递推过程结束,开始回归过程。本题的递归出口是0!或1!,即1。

确定重复的逻辑,缩小问题的规模:在不满足递归出口的情况下,根据所求解问题的性质,将原问题分解成子问题,子问题的结构与原问题的结构相同,但规模较原问题小。重复分解子问题及子问题求解的过程,而各个层级的子问题的求解方法一样,只是规模参数逐层变小。本题逐步缩小的重复的问题是 $n! \to (n-1)! \to (n-2)! \to \cdots \to 1! \to 0!$。

递归法一般要利用栈这种特殊的数据结构,栈具有记忆功能,能够将递推过程的 $n, n-1, n-2, \cdots, 2, 1$ 保留,等待回归的时候再逆序调出,完成累乘的运算。

下面给出算法的流程图,如图 2.3 所示。

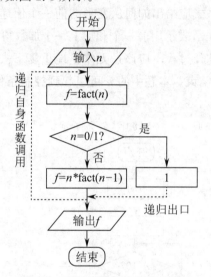

图 2.3 利用递归法求积的流程图

3. 利用穷举法解决求最大值(或最小值)问题

具体要求:求出任意 n 个数中的最大值(或最小值)。

算法设计:该题包含 3 个量,第一个是计数,用 i 表示;第二个是任意数,用 num 表示;第三个是最大值(或最小值),用 max(或 min)表示。

(1)求最大值。

假定第一个数是最大数,max 里放入第一个数;用第二个数和 max 比较,如果 max 大,max 不变,如果第二个数大,把第二个数放入 max 中。

重复上面的步骤,依次将第三个、第四个……第 n 个数与 max 比较。

下面给出算法的流程图,如图 2.4 所示。

(2)求最小值。

假定第一个数是最小数,min 里放入第一个数;用第二个数和 min 比较,如果 min 小,min 不变,如果第二个数小,把第二个数放入 min 中。

重复上面的步骤,依次将第三个、第四个……第 n 个数与 min 比较。

下面给出算法的流程图,如图 2.5 所示。

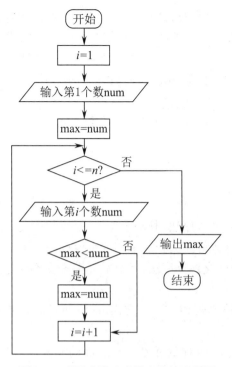

图 2.4 利用穷举法求最大值的流程图

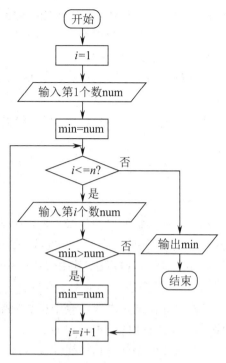

图 2.5 利用穷举法求最小值的流程图

2.3 查找和排序问题的算法构造

2.3.1 常用的查找算法

1. 顺序查找

顺序查找是从线性表的第一个元素开始,依次将线性表中的元素与所查元素进行比较,若表中某一个元素与所查元素相等,则表示查找成功;若表中所有的元素都与所查元素不相等,则表示查找失败。

对于长度为 n 的线性表,顺序查找的最好情况是线性表中的第一个元素就是所查元素,此时只需要比较一次;顺序查找的最坏情况是线性表中的最后一个元素是所查元素,或者所查元素不在线性表中,此时需要比较 n 次。显然,顺序查找的平均情况需要比较 $n/2$ 次,即要与一半的元素进行比较。

对于较大的线性表,顺序查找的效率是很低的。但在下列两种情况下也只能使用顺序查找。

①如果线性表为无序表,则不管是顺序存储结构还是链式存储结构,都只能使用顺序查找。

②即使是有序线性表,如果采用链式存储结构,也只能使用顺序查找。

2. 二分法查找

对于采用顺序存储的有序表,可以使用二分法查找。二分法查找就是将所查元素 X 与线性表的中间项进行比较,若中间项的值恰好等于 X,则表明查找成功;若 X 小于中间项的值,则在线性表的前半部分以相同的方法进行查找;若 X 大于中间项的值,则在线性表的后半部分以相同的方法进行查找。

在最好的情况下,二分法查找和顺序查找都只需要比较一次;而在最坏的情况下,二分法查找需要比较 $\lfloor \log_2 n \rfloor$ 次。

注 数学符号 $\lfloor\ \rfloor$ 表示向下取整的运算,称为 floor 运算;数学符号 $\lceil\ \rceil$ 表示向上取整的运算,称为 ceil 运算。

2.3.2 常用的排序算法

1. 交换排序法

利用交换数据元素的位置进行排序的方法称为交换排序法,其基本思想是:两两比较待排序的数据元素,如果逆序就进行交换,直到所有记录都排好序为止。常用的交换排序法主要有冒泡排序法和快速排序法,其中快速排序法是一种分区交换排序法,是对冒泡排序法的改进。

(1)冒泡排序法。

冒泡排序法通过对线性表中相邻数据元素之间的比较和位置的交换,最终使线性表变成有序。冒泡排序法的基本过程如下。

①从表头开始往后扫描线性表,若相邻两个元素中,前面的元素大于后面的元素,则将它们互换,消去一个逆序。在扫描过程中,重复进行消去逆序的处理,结果是最大的数据元素被交换到最后的位置,即将最大的数据元素排列到它应处的位置。

②从后往前扫描剩下的线性表,若相邻两个元素中,后面的元素小于前面的元素,则将它们互换,消去一个逆序。在扫描过程中,重复进行消去逆序的处理,结果是最小的数据元素被交换到最前面的位置,即将最小的数据元素排列到它应处的位置。

通过对线性表的一次从前往后和从后往前的两趟扫描排序,可以将最大的数据元素沉到表的最末尾,而将最小的数据元素像气泡一样浮到表的最前面,所以此排序形象地称为冒泡排序。

不考虑已经排列到应处位置的数据元素,对每次扫描后剩余的表反复重复上述过程,直到线性表有序为止。

对有 n 个待排序的数据元素进行冒泡排序,算法的时间复杂度依赖于待排序序列的初始状态,具体有以下几种情况。

①如果原始数据元素序列为正序,则只需进行一趟排序,记录移动次数为 0,关键字间比较次数为 $n-1$。

②如果原始数据元素序列为逆序,则要进行 $n-1$ 趟排序,第一趟最多要比较 $n-1$ 次,第二趟最多要比较 $n-2$ 次,以此类推,第 $n-1$ 趟最多要比较 1 次,整个排序过程比较次数的最大数为 $(n-1)+(n-2)+\cdots+1$,即冒泡排序的最大比较次数为 $n(n-1)/2$,而两个元素交换位置共需要移动 3 次元素,所以最大移动次数为 $3n(n-1)/2$。

③一般情况下,比较次数小于 $n(n-1)/2$,移动次数小于 $3n(n-1)/2$,因而可以认为冒泡排序法的平均时间复杂度为 $O(n^2)$。冒泡排序法需要一个数据元素的辅助存储空间,其空间复杂度为 $O(1)$。

例如,对 $(74,41,8,29,35,60)$ 进行冒泡排序,其排序过程如图 2.6 所示。

原表	74	41	8	29	35	60
第一趟从前向后扫描	41	8	29	35	60	74
第二趟从后向前扫描	8	41	29	35	60	74
第三趟从前向后扫描	8	29	35	41	60	74
第四趟从后向前扫描	8	29	35	41	60	74

图 2.6　冒泡排序的过程

（2）快速排序法。

快速排序法是从线性表中选取一个元素，设为 T，并作为一个基准，将线性表后面小于 T 的元素交换到前面，而前面大于 T 的元素交换到后面，从而将线性表分成两部分，T 插入到其分界处，这个过程称为线性表的分割。快速排序的关键就是分割。一次分割的结果是将线性表分割成两个表，前面子表的所有元素均小于 T，后面子表的所有元素均大于 T。按照上述原则，重复对分割后的子表进行分割直到将线性表变为有序为止。

2. 插入排序法。

插入排序的基本思想是：每次将一个待排序的数据元素按其大小插入到前面已经排好序的子表中的适当位置，直到全部记录插入完成为止。插入排序法主要有简单插入排序法和谢尔排序法。

（1）简单插入排序法。

简单插入排序法是所有排序方法中最简单的一种方法。首先将第一个元素当作有序表，将其余元素当作无序表，依次从无序表中取出一个数据元素，与有序表中的元素从后往前逐个进行比较，直到找到一个不大于该数据的元素，将此位置之后的所有元素依次向后顺移一个位置，将该元素插入空出的位置。

下面分几种情况讨论简单插入排序法的时间复杂度。

①最好情况是原始数据元素为正序，整个排序过程需要比较的次数为 $n-1$ 次，时间复杂度为 $O(n)$。

②最坏情况是原始数据元素为逆序，整个排序过程需要比较的次数为 $1+2+\cdots+(n-1)=n(n-1)/2$，每次插入位置及其后面的元素依次向后移动，要将插入元素移动至其位置，记录移动的次数为 $(1+1)+(2+1)+\cdots+[(n-1)+1]=(n+2)(n-1)/2$。

③平均情况下，简单插入排序法的时间复杂度是 $O(n^2)$。

此外，简单插入排序需要一个数据元素的辅助存储空间，其空间复杂度为 $O(1)$。

例如，对 $(74,41,8,29,35,60)$ 进行简单插入排序，其排序过程如图 2.7 所示。

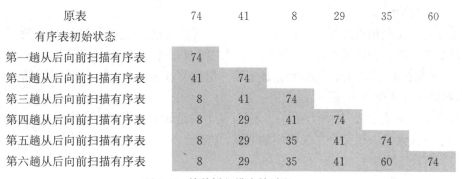

图 2.7　简单插入排序的过程

(2)谢尔排序法。

谢尔排序又称为缩小增量排序,它是插入排序的改进算法。谢尔排序的基本思想是:将相隔某个增量 h 的元素分割成若干个子序列,在排序过程中,逐次减小这个增量,最后当 h 减小到 1 时,进行一次简单插入排序,得到排序结果。

谢尔排序的时间复杂度是增量的函数,复杂且不确定,即它实际所需的时间取决于各次排序时增量的取值。

此外,与简单插入排序一样,谢尔排序需要一个数据元素的辅助存储空间,其空间复杂度为 $O(1)$。

3. 选择排序法

(1)简单选择排序法。

简单选择排序的基本思想是:扫描整个线性表,从中选出最小的元素,将它与表中第一个位置上的元素交换,然后从剩下的子表中再选出最小的元素,将它与表中第二个位置上的元素交换,以此类推,直到子表为空为止。

假定对 n 个元素的序列表进行简单选择排序,总共需要选择 $n-1$ 次,需要比较的次数与原始数据元素排列无关,所需比较的次数是 $(n-1)+(n-2)+\cdots+1=n(n-1)/2$。但是,元素移动的次数与原始数据元素的排列有关。如果原始数据元素为正序,则移动元素次数为 0;如果原始数据元素为逆序,则每次从子表中找出一个最小的元素,都要与此元素应处位置上的当前数据元素进行交换,而两个元素交换一次位置,又需要移动 3 次元素,所以共需要移动 $3(n-1)$ 次。显然,简单选择排序的时间复杂度为 $O(n^2)$。

此外,简单选择排序需要一个数据元素的辅助存储空间,其空间复杂度为 $O(1)$。

例如,对 $(74,41,8,29,35,60)$ 进行简单选择排序,其排序过程如图 2.8 所示。

排序序号	1	2	3	4	5	6
原表	74	41	8	29	35	60
第一趟扫描	8	41	74	29	35	60
第二趟扫描	8	29	74	41	35	60
第三趟扫描	8	29	35	41	74	60
第四趟扫描	8	29	35	41	74	60
第五趟扫描	8	29	35	41	60	74

图 2.8 简单选择排序的过程

(2)堆排序法。

堆排序是指利用堆的数据结构所设计的一种排序方法,它是选择排序的一种。

堆分为大根堆和小根堆,均是完全二叉树。所谓完全二叉树,是指终端节点(称为叶子节点)只能出现在最下层和次下层,并且最下面一层的节点都集中在该层最左边的若干位置的二叉树,如图 2.9 和图 2.10 所示。

具有 n 个元素的表 $\{k_1,k_2,\cdots,k_n\}$,当且仅当满足如下性质时称其为堆。

① 这些元素是一棵完全二叉树中的节点,且对于 $i=1,2,\cdots,n,k_i$ 是该完全二叉树中编号为 i 的节点;

② $k_i \leqslant k_{2i}$(或 $k_i \geqslant k_{2i}$) $(1 \leqslant i \leqslant \lfloor n/2 \rfloor)$;

③$k_i \leqslant k_{2i+1}$（或 $k_i \geqslant k_{2i+1}$）　（$1 \leqslant i \leqslant \lfloor n/2 \rfloor$）。

根据堆的定义，每一个非终端节点的元素均小于等于其左、右子节点的元素，堆顶元素必为这 n 个元素中的最小值，这种堆称为小根堆，也称最小堆，如图 2.9 所示。

或者，每一个非终端节点的元素均大于等于其左、右子节点的元素，堆顶元素必为这 n 个元素中的最大值，这种堆称为大根堆，也称最大堆，如图 2.10 所示。

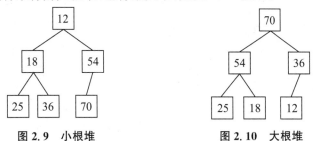

图 2.9　小根堆　　　　　　图 2.10　大根堆

堆排序的基本操作如下：

①建堆。建堆是不断调整堆的过程，从 $\lfloor len/2 \rfloor$ 处开始调整，一直到第一个节点，此处 len 是堆中元素的个数。建堆的过程是线性过程，从 $\lfloor len/2 \rfloor$ 到 1 处一直调用调整堆的过程，相当于 $O(h1)+O(h2)+\cdots+O(h\lfloor len/2 \rfloor)$，其中 h 表示节点的深度，$1,2,\cdots,\lfloor len/2 \rfloor$ 表示节点的个数，这是一个求和的过程，结果是线性的 $O(n)$。

②调整堆。在建堆的过程中要调整堆，而且在堆排序过程中也要调整堆。调整堆的思想是比较节点 i 和它的子节点 left(i)，right(i)，选出三者最大（或最小）者，如果最大（或最小）值不是节点 i 而是它的一个子节点，那么交换节点 i 和该子节点，然后再调用调整堆过程，这是一个递归的过程。调整堆的过程的时间复杂度与堆的深度有关。

③堆排序。堆排序是利用上面的两个过程来进行的。首先将堆的根节点取出，与最后一个节点进行交换，将前面 len－1 个节点继续调整堆，然后再将根节点取出，这样一直到将所有节点都取出。

【例 1】　假设有数组 $A=\{1,3,4,5,7,2,6,8,0\}$，对其进行从大到小的堆排序。

【解】　①建堆和调整堆，构建大根堆。建堆的核心内容是调整堆，使二叉树满足堆的定义（每个子节点的值都不大于其父节点的值）。调整堆的过程应该从最后一个非叶子节点开始，如图 2.11(a)～图 2.11(g) 所示。

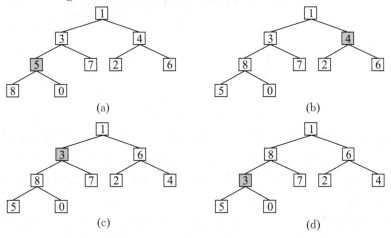

图 2.11　建堆和调整堆

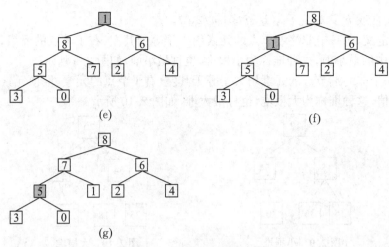

图 2.11 建堆和调整堆（续）

②堆排序和调整堆。交换堆的第一个元素和最后一个元素，取出第一个元素，堆的大小减1，对新堆进行调整，如此继续，部分操作步骤如图 2.12(a)～图 2.12(d)所示，直到堆的大小为1，如图 2.13 所示。

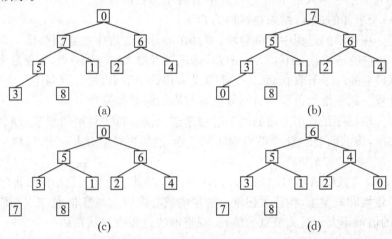

图 2.12 堆排序和调整堆的部分步骤

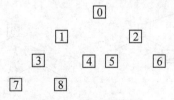

图 2.13 堆排序结果

堆排序一般适用于排序数据元素比较多的情况。在最好和最坏的情况下，堆排序的时间复杂度都是 $O(n\log_2 n)$，由此可以认为堆排序的平均时间复杂度为 $O(n\log_2 n)$。

此外，堆排序需要一个数据元素的辅助存储空间，其空间复杂度为 $O(1)$。

4. 排序方法比较

本节介绍了多种排序方法，各种排序方法的工作原理不同，对应的性能也有很大的差别，通过表 2.1 可以看到各种排序方法具体的时间性能、空间性能等方面的区别。

表 2.1　各种排序方法复杂度的比较

排序方法	时间复杂度			空间复杂度	复杂性
	平均情况	最坏情况	最好情况		
冒泡排序	$O(n^2)$	$O(n^2)$	$O(n)$	$O(1)$	简单
快速排序	$O(n\log_2 n)$	$O(n^2)$	$O(n\log_2 n)$	$O(\log_2 n)$	较复杂
简单插入排序	$O(n^2)$	$O(n^2)$	$O(n)$	$O(1)$	简单
谢尔排序	$<O(n^2)$	$<O(n^2)$	$<O(n^2)$	$O(1)$	较复杂
简单选择排序	$O(n^2)$	$O(n^2)$	$O(n^2)$	$O(1)$	简单
堆排序	$O(n\log_2 n)$	$O(n\log_2 n)$	$O(n\log_2 n)$	$O(1)$	较复杂

在处理实际问题时,应根据待排序的数据元素的个数及时间复杂度和空间复杂度的要求,选择恰当的排序方法。

2.4　算法、程序和程序设计语言

2.4.1　程序

1. 程序的概念

计算机完成一个基本运算或判断的前提是 CPU 执行一条指令。指令控制着计算机执行特定的算术、逻辑或控制运算,即 CPU 每执行一条指令,就完成一个最基本的算术逻辑运算或数据的存取操作。一条指令可以分为两部分:操作码和地址码。操作码是可以完成累加、比较或跳转等操作的控制字,地址码给出了需要处理的数据或数据的地址。根据实际情况,地址码可以缺省。

计算机程序是指为了得到某种结果而可以由计算机等具有信息处理能力的装置执行的代码化指令序列,或者可以被自动转换成代码化指令序列的符号化指令序列或符号化语句序列。

2. 算法与程序的关系

算法与程序不同,程序是算法的一种描述,同一个算法可以用不同的编程语言来编写。人类将需要解决的问题的算法,包括思路、方法和手段等,通过计算机能够理解的指令集合的形式传达给计算机,使得计算机能够根据指令进行工作,最终完成某种特定的任务,实现具体的功能。这种人与计算体系之间交流的过程就是编程。编程时要考虑计算机系统运行环境等细节问题,但设计算法可以摆脱这些束缚。因此,程序是在一定的数据及其结构上的算法的计算机实现形式,即程序是算法用某种程序设计语言的具体实现。程序的目标是实现算法,并对初始数据进行处理,最终获得期望的结果。在语言描述上,程序必须是用规定的程序设计语言来编写,而算法可以采用图形、表述语言等多种形式来描述。在执行时间上,算法所描述的步骤一定是有限的,而程序可以无限地执行下去。

2.4.2　程序设计语言

1. 机器语言

在计算机系统中,一条机器指令规定了计算机系统的一个特定动作。一个系列的计算机在设计制造硬件时就用了若干指令规定了该系列计算机能够进行的基本操作,这些指令一起构成了该系列计算机的指令系统。在计算机应用的初期,程序员使用机器的指令系统来编写计算机应用程序,这种程序称为机器语言程序。使用机器语言编写的程序,由于每条指令都对应计算机一个特定的基本动作,因此程序占用内存少、执行效率高。此外,机器语言编写程序存在明显的缺点,如工作量大、出错率高、对计算机体系存在依赖性、程序的通用性和移植性都差等。

2. 汇编语言

为了解决使用机器语言编写应用程序所带来的一系列问题,人们首先想到使用符号来代替不容易记忆的机器指令,这种使用符号来表示计算机指令的语言称为汇编语言。在汇编语言中,每一条用符号来表示的汇编指令与计算机机器指令一一对应,因此易于编写、检查和修改程序。采用汇编语言编写的程序称为源程序,源程序不能被计算机直接识别和处理,必须通过某种方法将它翻译成计算机能够理解并执行的机器语言,执行这个翻译工作的程序称为汇编程序。

3. 高级语言

高级语言是一类接近于人类自然语言和数学语言的程序设计语言的统称。高级语言按照一定的语法规则,由表达各种意义的运算对象和运算方法构成。常用的高级语言包括 C,C++,Visual Basic,Java,Python,R 语言等。使用高级语言编写程序的优点是:编程相对简单直观、易于理解、出错率低。另外,高级语言是独立于计算机体系的,所以用高级语言编写的计算机程序通用性和移植性都很好。用高级语言编写的程序称为源程序,源程序不能被计算机系统直接理解和执行,必须通过某种方式转换为计算机能够直接执行的机器语言。

将高级语言编写的源程序转换为机器语言的方式有两种:解释方式和编译方式。在解释方式下,计算机对高级语言的源程序一边解释一边执行,不能形成目标程序文件和执行文件。在编译方式下,通过一个对应于所用程序设计语言的编译程序对源程序进行处理,将所处理的源程序转换为用二进制代码表示的目标程序,然后通过连接处理将程序中所用的函数调用、系统功能调用等嵌入到目标程序中,构建成一个可以连续执行的二进制执行文件。

2.5　结构化程序设计

2.5.1　程序设计方法和技术及程序设计风格

1. 程序设计方法和技术

对于要完成的实际问题的求解任务,首先要对问题进行分析,进而获得比较清晰的认识。对于相对复杂的问题,要根据一定的理论,采用相应的方法进行问题的分解,最后对处理的对象和处理的进程进行明确描述,也就是确定数据结构和在数据结构上的算法。

将算法用计算机程序设计语言表示出来就是程序。程序设计语言就是编写计算机程序的语言,它有一定的语言规则,并对程序的结构和编程方法有相应的限制。

从程序设计方法和技术发展的角度来看,程序设计主要经历了结构化程序设计和面向对象程序设计两个阶段。

2. 程序设计风格

程序设计风格是指编写程序时所表现出的特点、习惯和逻辑思路。程序设计风格对保证程序质量是非常重要的。从总体而言,应强调简单和清晰,易于理解。当今主导论点是"清晰第一,效率第二"。良好的程序设计风格需要注意以下几个方面的因素。

(1)源程序文档化。

①符号名的命名应具有实际含义,且符合命名的规则,有助于读者对程序的理解。

②利用程序注释来引导读者理解程序,注释一般分为序言性注释和功能性注释。

③在程序中利用空格、空行、缩进等技巧使程序层次分明。

(2)数据说明的方法。

①数据说明的次序要规范化,有利于测试、排错和维护。

②说明语句中变量按字母顺序排序。

③使用注释来说明复杂数据的结构。

(3)语句的结构。

①在一行内只写一条语句。

②尽可能少地使用临时变量,避免程序的可读性下降。

③避免不必要的转移语句。

④尽可能地使用库函数。

⑤尽可能地少用复杂的条件语句和"否定"的条件语句。

⑥数据结构要有利于程序的简化。

⑦程序尽量模块化,尽可能使模块功能单一,并具有独立性。

⑧废弃不好的程序,重新编写。

(4)输入和输出。

①对所有的输入数据都要检验数据的合法性。

②检查输入项各种重要组合的合理性。

③输入格式要简单,尽可能简化输入的步骤和操作。

④输入数据时,允许使用自由格式。

⑤应允许使用缺省值。

⑥输入一组数据时,最好使用输入结束标志。

⑦交互式输入、输出时,要有提示和状态信息。

⑧保持输入格式与输入语句的一致。

2.5.2　结构化程序设计的基本结构

1. 结构化方法概要

结构化方法(structured method)是由结构化程序设计语言发展而来的,它采用系统科学思想,按自顶向下的层次分析和设计系统。结构化方法包括结构化分析(structured analysis)、结构化设计(structured design)和结构化程序设计(structured programming)。结构化程序设计是程序设计的重要方法,体现了工程思想和结构化思想。采用结构化程序设计方法,提高了大型软件的效率和质量。

2. 结构化程序设计的基本结构与特点

(1)结构化程序设计的基本结构。

结构化程序设计的基本控制结构包括顺序结构、选择结构和循环结构。

①顺序结构:按照程序语句的自然顺序,逐条地执行程序。

②选择结构:又称分支结构,可以根据设定的条件表达式的值,判断应该选择哪一条分支来执行相应的语句序列。

③循环结构:又称重复结构,根据给定的条件表达式的值,判断是否需重复执行某个相同的或类似的程序段。

图 2.14 所示的 3 种结构构成了程序模块的基本框架,任何复杂的程序都是由这 3 种结构组合而成的。

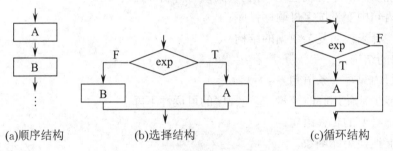

(a)顺序结构   (b)选择结构   (c)循环结构

图 2.14　程序流程图的基本结构

(2)结构化程序设计的特点。

①程序易于编写、理解、使用和维护,提高了程序的质量。

②提高了编程工作的效率,降低了软件开发的成本。

2.5.3　结构化程序设计的主要原则及使用

1. 结构化程序设计的主要原则

①自顶向下:先从最上层总目标开始设计,逐步使问题具体化。

②逐步求精:对复杂的问题,应设计子目标作为过渡,再逐步细化。

③模块化:把程序要解决的总目标分解为子目标,把每个子目标称为一个模块。

④限制使用 goto 语句:滥用 goto 语句会导致程序混乱,应尽量避免。

2. 结构化程序设计的使用

在结构化程序设计的具体实施中,要注意把握如下要素。

①使用程序设计语言中的 3 种控制结构表示程序的控制逻辑。

②程序只有一个入口和一个出口。

③程序语句组成容易识别的块,每块只有一个入口和一个出口。

④应该使用嵌套的基本控制结构实现复杂的结构。

⑤对于特殊的控制结构,应该采用前后一致的方法来模拟。

⑥严格控制 goto 语句的使用,非用不可时,要慎重使用。

2.5.4 结构化程序设计的案例

1. 问题提出

设计"看商品猜价格"游戏,先自动展示一件价格在 100～999 元之间的商品,商品实际价格为 580 元(价格为整数),只告知参与游戏的人,100～999 是猜价格范围;参与游戏的人进行猜价格,在这个过程中,主持人会根据参与者给出的价格,相应地给出"高了"或"低了"的提示,直到参与者猜中正确的价格为止,计算参与者猜中正确价格所用的次数,以次数少者为胜。当参与者猜的价格没有考虑"高了"或"低了"的提示时,猜价格失败,游戏结束。

2. 解决方案

(1)利用顺序结构构造总体流程。

①说明价格范围和记录商品的实际价格。本步骤需要 3 个量,下界用 lowprice 表示,初始值为 100,上界用 highprice 表示,初始值为 999,商品的实际价格用 goodprice 表示。

②参与者猜价格,系统计算猜价格的次数。本步骤需要 2 个量,参与者猜的价格,用 price 表示,猜价格的次数用 n 表示。

③输出次数。

由顺序结构构造的总体流程图如图 2.15 所示。

图 2.15 由顺序结构构造的总体流程图

(2)利用选择结构构造参与者猜价格的正确或错误处理流程。

①如果参与者猜的价格 price 超出[lowprice,highprice],则猜价格失败,游戏结束。

②如果参与者猜的价格 price 等于商品实际价格 goodprice,则猜价格的次数为 n,猜价格成功,游戏结束。

③如果参与者猜的价格 price 大于商品实际价格 goodprice,则猜价格的次数为 $n+1$,保持下界 lowprice 不变,上界 highprice 由参与者猜的价格 price 取代。

④如果参与者猜的价格 price 小于商品实际价格 goodprice,则猜价格的次数为 $n+1$,保持上界 highprice 不变,下界 lowprice 由参与者猜的价格 price 取代。

由选择结构构造的猜价格流程图如图 2.16 所示。

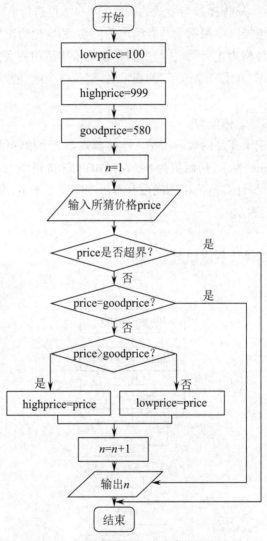

图 2.16　由选择结构构造的猜价格流程图

(3)利用循环结构构造参与者猜价格的重复过程。

如果参与者猜价格没有结束,则重复进行猜价格过程,直到猜价格失败而结束,或者猜价格成功而结束。

由循环结构构造的重复猜价格流程图如图 2.17 所示。

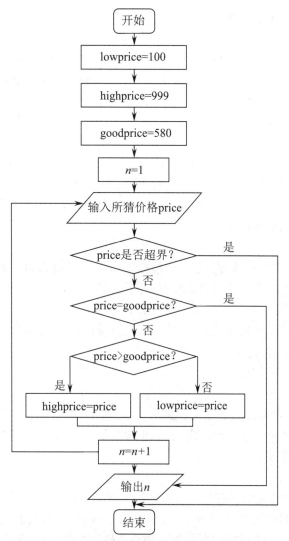

图 2.17 由循环结构构造的重复猜价格流程图

2.6 面向对象程序设计

2.6.1 面向对象程序设计的基本概念

1. 面向对象方法概要

面向对象(object-oriented)方法是当今主流的软件开发方法。面向对象方法起源于面向对象程序设计语言,它的基本思想是:尽可能按人类思维的方式,依照现实世界客观状态指导软件的开发。这种方法以对象为中心,以类和继承等为机制来构造和抽象现实世界,通过建立模型构建软件系统。面向对象方法包括面向对象分析(object-oriented analysis,OOA)和面向对象设计(object-oriented design,OOD)。

2. 面向对象方法的基本概念

（1）对象。

对象（object）是系统中用来描述客观事物的一个实体，它包括属性（数据）和作用于数据的方法（操作）。属性描述了对象内在的性质和特征，反映了对象的状态。方法是对象根据它的状态改变和消息传送所采取的行动和所做出的响应。一个对象把属性和方法封装为一个整体，对象通常由对象名、属性和方法组成。

（2）类和实例。

类（class）是具有共同属性、共同方法的对象集合。类是对象的抽象化，对象是类的具体化，是类的实例。对象既可以指一个具体的对象，也可以泛指一般的对象。实例（instance）是指一个具体的对象。例如，学生类和某一名学生的实例、教师类和某一名教师的实例。

3. 面向对象方法的主要特征

（1）对象唯一性。

每个对象都有自身唯一的标识，通过这种标识可以找到相应的对象。在对象的整个生命期中，它的标识都不改变，不同的对象不能有相同的标识。

（2）分类性。

分类性是指将具有一致数据结构（属性）和行为（操作）的对象抽象成类。一个类就是这样一种抽象，它反映了与应用有关的重要性质，而忽略其他一些无关内容。任何类的划分都是主观的，但必须与具体的应用有关。

（3）消息。

消息（message）是对象之间进行通信的一种机制，一个对象通过接收消息、处理消息、传出消息或使用其他类的方法来实现一定功能，也称为消息传递机制。在面向对象方法中，程序的执行是通过对象间传递消息来完成的。

（4）继承性。

继承（inheritance）是利用已有的类作为基础来定义新的类。一般情况下，一个类会有"子类"，子类可以继承父类的属性和行为，并且也可以包含它们自己的新的具体的属性和行为。继承性是面向对象方法实现可重用性的前提和最有效的特性，它不仅支持系统的可重用性，而且还促进系统的可扩充性。

（5）封装性。

封装（encapsulation）是指对象的属性和方法等整合为一个整体，而隐藏了这些方法的具体执行步骤，设计时只要通过传送消息给对象的方法就可以完成相应方法的功能。封装是通过限制只有特定类的对象可以访问这一特定类的成员，而它们通常利用接口实现消息的传入、传出。例如，画圆的方法，只需要调用某对象的画圆方法，而不必了解画圆的实现过程。

（6）多态性。

多态性（polymorphism）是指由继承而产生的相关的不同的类，其对象对同一消息会做出不同的响应，即不同的对象收到同一消息可以产生完全不同的结果，这一现象叫作多态性。多态机制增加了面向对象方法的灵活性，显著地提高了软件的可重用性和可扩充性。例如，清空值的方法，不同的对象都可以通过消息做出清空值的响应，但是列表框清空的是列表框的值，组合框清空的是组合框的值。

2.6.2　面向对象程序设计的特点

1. 符合人的思维方式

面向对象程序设计从客观世界固有的事物出发来构造系统,提倡用人类在现实生活中常用的思维方法来认识、理解和描述客观事物,也就是说,系统中的对象及对象之间的关系能够如实地反映问题域中固有事物及其关系,这与人的思维方式是一致的。

2. 稳定性好

面向对象程序设计是以对象为核心的,对象的相对稳定性和对易变因素的隔离,增强了系统的应变能力。

3. 易于开发大型软件产品

面向对象程序设计强调从现实世界中客观存在的事物(对象)出发来认识问题域和构造系统,这就使系统开发者大大减少了对问题域的理解难度,从而使系统能更准确地反映问题域,适于开发大型软件产品。

4. 可重用性好

面向对象程序设计的对象类之间具有继承关系,对象本身也具有相对的独立性,可以在多个项目开发过程中重复使用,对软件复用提供了强有力的支持。

5. 可维护性好

面向对象程序设计方法中,对象的概念贯穿于开发的全部过程,使各个开发阶段的系统组成成分具有良好的实际对应性,从而显著地提高了系统的开发效率与质量,并大大降低了系统维护的难度。

2.6.3　面向对象程序设计的案例

1. 问题提出

某自动捐赠机为慈善捐赠提供服务。自动捐赠机可以接收面值为 10 元、5 元、1 元的纸币和面值为 1 元的硬币 4 种类型的钱币。现在需要每天统计当日总捐赠金额,并列出各种钱币的数量和金额清单。

2. 解决方案

(1)利用抽象的方法构造类。

①自动捐赠机类:

● 构造包括总捐赠金额、各种钱币列表。

● 构造接收钱币的方法,该方法可以根据不同钱币的特征识别每次投币的钱币种类。

● 构造总捐赠金额的计算方法。

● 构造输出清单方法。

● 构造清零的方法,该方法可以将钱币种类的数量和金额、当日总捐赠金额进行清零,以备次日使用。

②钱币类:

● 构造包括钱币种类名称、币值等属性。

● 构造钱币类的数量和金额计算方法。

● 构造钱币类的追加钱币列表方法。

（2）构造算法。

● 利用钱币类创建币1、币2、币3和币4这4个对象，分别代表10元、5元、1元的纸币和1元的硬币。

● 利用自动捐赠机类创建一个自动捐赠机对象。

● 利用自动捐赠机对象的接收钱币方法，接收顾客所投钱币，识别钱币的类型。

● 利用钱币类对象的数量和金额计算方法。例如，如果识别的钱币类型是币1，则币1的数量＋1，金额＝数量×10。

● 利用钱币类对象的追加钱币列表方法，将各种钱币的数量追加到自动捐赠机对象的钱币列表中。

● 利用自动捐赠机对象的总捐赠金额的计算方法，计算当日总捐赠金额。

● 利用自动捐赠机对象的输出清单方法，输出当日各种钱币的数量和金额清单。

● 利用自动捐赠机对象的清零方法，将各种钱币的数量和金额清单清空。

习 题 二

一、选择题

1. 算法的时间复杂度是指_____。

    A. 算法的执行时间

    B. 算法所处理的数据和数据量

    C. 算法程序中的语句或指令条数

    D. 算法在实现过程中所需要的基本运算次数

2. 算法的空间复杂度是指_____。

    A. 算法在执行过程中所需要的计算机存储空间

    B. 算法所处理的数据量

    C. 算法程序中的语句或指令条数

    D. 算法在执行过程中所需要的临时工作单元数

3. 下列叙述中正确的是_____。

    A. 一个算法的空间复杂度大，则其时间复杂度也必定大

    B. 一个算法的空间复杂度大，则其时间复杂度必定小

    C. 一个算法的时间复杂度大，则其空间复杂度必定小

    D. 上述3种说法都不对

4. 下列叙述中正确的是_____。

    A. 算法的效率只与问题的规模有关，而与数据的存储结构无关

    B. 算法的时间复杂度是指执行算法所需要的计算工作量

    C. 数据的逻辑结构与存储结构是一一对应的

    D. 算法的时间复杂度与空间复杂度一定相关

5. 对长度为 n 的线性表进行顺序查找，在最坏的情况下所需要的比较次数为_____。

A. $\log_2 n$ B. $n/2$ C. n D. $n+1$

6. 对于长度为 n 的线性表,在最坏的情况下,下列排序法所对应的比较次数中正确的是 _____。

    A. 冒泡排序为 $n/2$ B. 冒泡排序为 n

    C. 快速排序为 n D. 快速排序为 $n(n-1)/2$

7. 下列数据结构中,能用二分法进行查找的是 _____。

    A. 顺序存储的有序线性表   B. 线性链表

    C. 二叉链表   D. 有序线性链表

8. 冒泡排序在最坏情况下的比较次数是 _____。

    A. $n(n+1)/2$ B. $n\log_2 n$ C. $n(n-1)/2$ D. $n/2$

9. 在长度为 n 的有序线性表中进行二分法查找,最坏情况下需要比较的次数是 _____。

    A. $O(n)$ B. $O(n^2)$ C. $O(\log_2 n)$ D. $O(n\log_2 n)$

10. 下列排序方法中,最坏情况下比较次数最少的是 _____。

    A. 冒泡排序   B. 简单选择排序

    C. 简单插入排序   D. 堆排序

11. 计算机完成一个基本运算或判断的前提是中央处理器执行一条 _____。

    A. 命令   B. 指令   C. 程序   D. 语句

12. 组成计算机指令的两部分是 _____。

    A. 数据和字符   B. 操作码和地址码

    C. 运算符和运算数   D. 运算符和运算结果

13. 计算机指令中,规定该指令执行功能的部分称为 _____。

    A. 数据码   B. 操作码   C. 源地址码   D. 目标地址

14. 在指令中,表示操作数和操作结果的存放位置的部分被称为 _____。

    A. 程序   B. 命令   C. 操作码   D. 地址码

15. 下列关于指令系统的描述中,正确的是 _____。

    A. 指令由操作码和控制码两部分组成

    B. 指令的地址码部分可能是操作数,也可能是操作数的内存单元地址

    C. 指令的地址码部分是不可缺少的

    D. 指令的操作码部分描述了完成指令所需要的操作数类型

16. 下列关于计算机指令系统的描述中,正确的是 _____。

    A. 指令系统是计算机所能执行的全部指令的集合

    B. 指令系统是构成计算机程序的全部指令的集合

    C. 指令系统是计算机中程序的集合

    D. 指令系统是计算机中指令和数据的集合

17. 计算机的指令系统能实现的运算有 _____。

    A. 数值运算和非数值运算   B. 算术运算和逻辑运算

    C. 图形运算和数值运算   D. 算术运算和图像运算

18. 计算机硬件能直接识别、执行的语言是 _____。

    A. 汇编语言   B. 机器语言   C. 高级语言   D. C++语言

19. 直接用二进制代码指令表示的计算机语言是_____。

    A. 机器语言   B. 汇编语言   C. 高级语言   D. 面向对象语言

20. 汇编语言是一种_____。

    A. 依赖于计算机的低级程序设计语言   B. 计算机能直接执行的程序设计语言

    C. 独立于计算机的高级程序设计语言   D. 面向问题的程序设计语言

21. 下列都属于计算机低级语言的是_____。

    A. 机器语言和高级语言   B. 机器语言和汇编语言

    C. 汇编语言和高级语言   D. 高级语言和数据库语言

22. 高级语言的特点是_____。

    A. 高级语言数据结构丰富

    B. 高级语言与具体的机器结构密切相关

    C. 高级语言接近算法语言,不易掌握

    D. 用高级语言编写的程序,计算机可立即执行

23. 下列计算机程序语言中,不属于高级语言的是_____。

    A. Visual Basic 语言   B. Fortran 语言

    C. C++ 语言   D. 汇编语言

24. 下列全部是高级语言的一组是_____。

    A. 汇编语言、C 语言、Pascal 语言   B. 汇编语言、C 语言、Basic 语言

    C. 机器语言、C 语言、Basic 语言   D. Basic 语言、C 语言、Pascal 语言

25. 下列叙述中正确的是_____。

    A. 用高级语言编写的程序可移植性差

    B. 机器语言就是汇编语言,无非是名称不同而已

    C. 指令是由一串二进制数 0,1 组成的

    D. 用机器语言编写的程序可读性好

26. 下列叙述中错误的是_____。

    A. 用高级语言编写的程序可移植性最差

    B. 不同型号的计算机具有不同的机器语言

    C. 机器语言是由一串二进制数 0,1 组成的

    D. 用机器语言编写的程序执行效率最高

27. 汇编语言程序_____。

    A. 相对高级语言程序具有良好的可移植性

    B. 相对高级语言程序具有良好的可读性

    C. 相对机器语言程序具有良好的可移植性

    D. 相对机器语言程序具有较高的执行效率

28. 高级语言所编写的程序又称为源程序,此类程序_____。

    A. 不能被机器直接执行

    B. 能被机器直接执行

    C. 在更高级的大型计算机中能被机器直接执行

    D. 不大于 100 行的程序可以被机器直接执行

29. 用高级语言编写的程序_____。

　　A. 计算机能直接执行　　　　　　　B. 具有良好的可读性和可移植性

　　C. 执行效率高　　　　　　　　　　D. 依赖于具体机器

30. 下列叙述中正确的是_____。

　　A. 用高级语言编写的程序称为源程序

　　B. 计算机能直接识别并执行由汇编语言编写的程序

　　C. 机器语言编写的程序执行效率最低

　　D. 高级语言编写的程序可移植性最差

31. 将汇编语言的源程序翻译成计算机可执行代码的软件称为_____。

　　A. 编译程序　　　　B. 汇编程序　　　　C. 管理程序　　　　D. 服务程序

32. 将高级语言的源程序翻译成可执行程序的是_____。

　　A. 库程序　　　　　B. 编译程序　　　　C. 汇编程序　　　　D. 目标程序

33. 编译程序的功能是_____。

　　A. 发现源程序中的语法错误

　　B. 改正源程序中的语法错误

　　C. 将源程序编译成目标程序

　　D. 将某一种高级语言程序翻译成另一种高级语言程序

34. 以下关于编译程序的说法中正确的是_____。

　　A. 编译程序属于计算机应用软件,所有用户都需要编译程序

　　B. 编译程序不会生成目标程序,而是直接执行源程序

　　C. 编译程序完成高级语言程序到低级语言程序的等价翻译

　　D. 编译程序构造比较复杂,一般不进行出错处理

35. 下列叙述中正确的是_____。

　　A. C++是高级语言的一种

　　B. 用 C++语言编写的程序可以直接在机器上运行

　　C. 当代最先进的计算机可以直接识别、执行任何语言编写的程序

　　D. 机器语言和汇编语言是用一种语言的不同名称

36. 下列说法中正确的是_____。

　　A. 只要将高级语言编写的源程序文件(如 try.c)的扩展名更改为 exe,它就可成为可执行文件

　　B. 高档计算机可以直接执行用高级语言编写的程序

　　C. 源程序只有经过编译和连接后才能成为可执行程序

　　D. 用高级语言编写的程序可移植性和可读性都很差

37. 下列选项中不属于结构化程序设计原则的是_____。

　　A. 可封装　　　　　B. 自顶向下　　　　C. 模块化　　　　　D. 逐步求精

38. 结构化程序设计的基本原则不包括_____。

　　A. 多态性　　　　　B. 自顶向下　　　　C. 模块化　　　　　D. 逐步求精

39. 结构化程序设计所要求的基本结构不包括_____。

　　A. 顺序结构　　　　　　　　　　　B. goto 跳转

C. 选择(分支)结构　　　　　　　　　　　　　D. 重复(循环)结构

40. 结构化程序设计包括的基本控制结构是_____。

    A. 主程序与子程序　　　　　　　　　　　B. 选择结构、循环结构与层次结构

    C. 顺序结构、选择结构与循环结构　　　　D. 输入、处理、输出

41. 在结构化程序设计中,下列对 goto 语句使用描述中正确的是_____。

    A. 禁止使用 goto 语句　　　　　　　　　　B. 使用 goto 语句程序效率高

    C. 应避免滥用 goto 语句　　　　　　　　　D. 以上说法均错误

42. 下列对对象概念的描述中正确的是_____。

    A. 对象间的通信靠消息传递　　　　　　　B. 对象是名字和方法的封装体

    C. 任何对象都必须有继承性　　　　　　　D. 对象的多态性是指一个对象有多个操作

43. 在面向对象方法中,不属于对象的基本特点的是_____。

    A. 一致性　　　　　　B. 分类性　　　　　　C. 多态性　　　　　　D. 标识唯一性

44. 在面向对象方法中,不属于对象的基本特点的是_____。

    A. 封装性　　　　　　B. 可复用性　　　　　C. 多态性　　　　　　D. 标识唯一性

45. 下列选项中属于面向对象方法的主要特征的是_____。

    A. 继承　　　　　　　B. 自顶向下　　　　　C. 模块化　　　　　　D. 逐步求精

46. 在面向对象方法中,继承是指_____。

    A. 一组对象所具有的相似性质　　　　　　B. 一个对象具有另一个对象的性质

    C. 各对象之间的共同性质　　　　　　　　D. 类之间共享属性和操作的机制

47. 下列描述中符合结构化程序设计风格的是_____。

    A. 使用顺序、选择和循环 3 种基本控制结构表示程序的控制逻辑

    B. 模块只有一个入口,可以有多个出口

    C. 注重提高程序的执行效率

    D. 不使用 goto 语句

48. 下列属于整数类的实例是_____。

    A. 0x518　　　　　　B. 0.518　　　　　　C. "−518"　　　　　D. 518E−2

49. 下列属于字符类的实例是_____。

    A. "518"　　　　　　B. "5"　　　　　　　C. ' mn　　　　　　D. '\n'

50. 定义无符号整数类为 UInt,下面可以作为类 UInt 实例化值的是_____。

    A. −369　　　　　　　　　　　　　　　　　B. 369

    C. 0.369　　　　　　　　　　　　　　　　D. 整数集合{1,2,3,4,5}

51. 在面向对象方法中,实现对象的数据和操作结合于统一体中的是_____。

    A. 结合　　　　　　　B. 封装　　　　　　　C. 隐藏　　　　　　　D. 抽象

52. 下列对类-对象的主要特征描述中正确的是_____。

    A. 对象唯一性　　　　B. 对象无关性　　　　C. 类的单一性　　　　D. 类的依赖性

53. 下列属于类-对象主要特征的是_____。

    A. 对象一致性　　　　B. 对象无关性　　　　C. 类的多态性　　　　D. 类的依赖性

54. 下列叙述中正确的是_____。

    A. 算法就是程序　　　　　　　　　　　　B. 设计算法时只需要考虑数据结构的设计

C. 设计算法时只需要考虑结果的可靠性　　　　D. 以上 3 种说法都不对

55. 下列选项中不是一般算法应该有的特征的是_____。

A. 无穷性　　　　　　B. 可行性　　　　　　C. 确定性　　　　　　D. 有穷性

56. 算法的有穷性是指_____。

A. 算法程序的运行时间是有限的　　　　　　B. 算法程序所处理的数据量是有限的

C. 算法程序的长度是有限的　　　　　　　　D. 算法只能被有限的用户使用

57. 下列叙述中正确的是_____。

A. 所谓算法就是计算方法　　　　　　　　　B. 程序可以作为算法的一种描述方法

C. 算法设计只需考虑得到计算结果　　　　　D. 算法设计可以忽略算法的运算时间

58. 下列关于算法复杂度的叙述中正确的是_____。

A. 最坏情况下的时间复杂度一定高于平均情况的时间复杂度

B. 时间复杂度与所用的计算工具无关

C. 对同一个问题,采用不同的算法,则它们的时间复杂度是相同的

D. 时间复杂度与采用的算法描述语言有关

59. 下列叙述中正确的是_____。

A. 算法复杂度是指算法控制结构的复杂程度

B. 算法复杂度是指设计算法的难度

C. 算法的时间复杂度是指设计算法的工作量

D. 算法的复杂度包括时间复杂度与空间复杂度

60. 对长度为 n 的线性表进行排序,在最坏的情况下,比较次数不是 $n(n-1)/2$ 的排序方法是_____。

A. 冒泡排序　　　　　B. 快速排序　　　　　C. 堆排序　　　　　　D. 简单插入排序

61. 在最坏的情况下,_____。

A. 快速排序的时间复杂度比冒泡排序的时间复杂度要小

B. 快速排序的时间复杂度比谢尔排序的时间复杂度要小

C. 谢尔排序的时间复杂度比简单插入排序的时间复杂度要小

D. 快速排序的时间复杂度与谢尔排序的时间复杂度是一样的

62. 对长度为 n 的线性表进行快速排序,在最坏的情况下,比较次数为_____。

A. n　　　　　　　B. $n-1$　　　　　　C. $n(n-1)$　　　　D. $n(n-1)/2$

63. 对长度为 10 的线性表进行冒泡排序,最坏情况下需要比较的次数为_____。

A. 9　　　　　　　　B. 10　　　　　　　　C. 45　　　　　　　D. 90

64. 在排序过程中,每一次数据元素的移动会产生新的逆序的排序方法是_____。

A. 快速排序　　　　　B. 简单插入排序　　　C. 冒泡排序　　　　　D. 以上说法均不正确

65. 堆排序最坏情况下的时间复杂度为_____。

A. $O(n^{1.5})$　　　　　B. $O(n\log_2 n)$　　　　C. $O(n(n-1)/2)$　　　D. $O(\log_2 n)$

66. 下列序列中不是堆的是_____。

A. $(91,85,53,36,47,30,24,12)$　　　　　　B. $(91,85,53,47,36,30,24,12)$

C. $(47,91,53,85,30,12,24,36)$　　　　　　D. $(91,85,53,47,30,12,24,36)$

二、思考题

1. 算法的有穷性指的是什么?

2. 如何理解算法和程序的关系?

3. 简述算法的时间复杂度和算法执行时间之间的区别。

4. 求方程 $x^3 + x = 0(-10 \leqslant x \leqslant 10)$ 的整数解时,可以采用的基本思路是:将 $x = -10$,$-9, \cdots, 10$ 的每个值依次代入原方程,使得原方程等式成立的 x 即为方程的解,程序流程图如图 2.18 所示。请问该解决思路采用的是什么算法设计方法? 为什么?

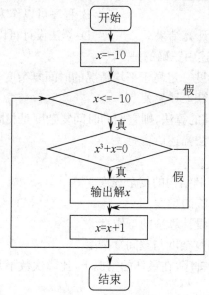

图 2.18 第 4 题图

5. 指明下述计算 10!的程序流程图(见图 2.19)中使用了哪种算法设计方法,包含了哪些程序控制结构。

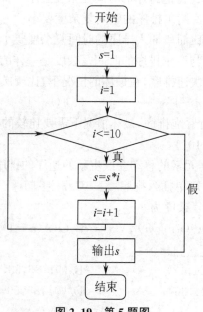

图 2.19 第 5 题图

6.结合本学科专业的领域,谈谈分治法在解决具体问题上的应用。

习题参考答案

一、选择题

1. D	2. A	3. D	4. B	5. C	6. D	7. A	8. C	9. C	10. D
11. B	12. B	13. B	14. D	15. B	16. A	17. B	18. B	19. A	20. A
21. B	22. A	23. D	24. D	25. C	26. A	27. C	28. A	29. B	30. A
31. B	32. B	33. C	34. C	35. A	36. C	37. A	38. A	39. B	40. C
41. C	42. A	43. A	44. B	45. A	46. D	47. A	48. A	49. D	50. B
51. B	52. A	53. C	54. D	55. A	56. A	57. B	58. B	59. D	60. C
61. C	62. D	63. C	64. A	65. B	66. C				

二、思考题

（略）

第3章 常用数据结构

3.1 什么是数据结构

数据结构是数据元素及其元素之间的关系的表示。

计算机算法与数据结构密切相关,算法无不依附于具体的数据结构,数据结构直接关系到算法的选择和效率。因此,数据结构主要研究和讨论以下 3 个方面的问题:数据集合中各数据元素之间所固有的逻辑关系,即数据的逻辑结构;在对数据进行处理时,各数据元素在计算机中的存储关系,即数据的存储结构;对各种数据结构进行的运算。

3.1.1 数据的逻辑结构

1. 数据的逻辑结构的概念

数据元素之间前后件的逻辑关系称为数据的逻辑结构。数据的逻辑结构应包含以下两方面的信息:数据元素的信息和各数据元素之间的前后件关系。

根据数据元素之间关系的不同特性,通常有 4 种基本结构:①集合;②线性结构;③树形结构;④图状结构或网状结构。

在一个数据结构中没有一个数据元素,则称该数据结构为空的数据结构。

2. 线性结构和非线性结构

非空的数据结构根据前后件关系的复杂程度,一般将数据的逻辑结构分为两大类型:线性结构和非线性结构。空的数据结构可以是线性结构,也可以是非线性结构。

满足以下 3 个条件的非空的数据结构称为线性结构。

①有且仅有一个根节点;

②每一个节点最多有一个前件和一个后件;

③在线性结构中插入或删除一个节点后还应是线性结构。

线性表是 n 个数据元素的有限序列,只是简单的前后排序关系,不能表示层次关系。

如果一个数据不是线性结构,则称之为非线性结构,可以表示层次关系。

3. 数据的逻辑结构的表示

(1)二元组表示法。

数据的逻辑结构可以用二元组来表示,通常记为

$$B=(D,R),$$

其中 B 表示数据结构,D 表示数据元素的集合,R 表示数据元素之间的前后件关系。

例如,某机构管理人员关系数据结构可以表示为

$$B=(D,R),$$

其中,

$D=\{$总经理,副总经理,人事经理,财务经理,销售经理,生产经理,行政经理$\}$,

$R=\{($总经理,副总经理$),($总经理,财务经理$),($总经理,行政经理$),($副总经理,人事经理$),($副总经理,销售经理$),($副总经理,生产经理$)\}$。

(2)图形表示法。

数据结构除了用二元组表示外,还可以用图形更直观地表示。用中间标有元素值的方框来表示数据集合,每一个方框称为节点;用一条有向线段从前件节点指向后件节点,表示数据元素之间的前后件关系。利用图形表示法可以清晰地描述一个数据结构的线性或非线性。

某机构管理人员关系数据结构可以用如图 3.1 所示的图形来表示,可以看出该数据结构是一个非线性结构。

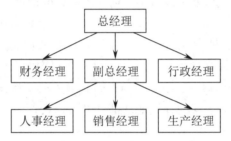

图 3.1　某机构管理人员关系数据结构

3.1.2　数据的存储结构

1. 数据的存储结构的概念

数据的逻辑结构在计算机存储空间中的存放形式称为数据的存储结构,也称为数据的物理结构。

数据元素在计算机存储空间中的存放位置关系与逻辑位置关系不总相同,在数据的存储结构中,不仅要存储数据元素本身,而且要存储数据元素之间的逻辑关系。数据既可以存放在一块连续的内存单元中,通过元素在存储器中的位置来表示它们之间的逻辑关系;也可以随机分布在内存中的不同位置,通过指针元素表示数据元素之间的逻辑关系。最常用的存储结构有顺序存储结构和链式存储结构。

2. 顺序存储结构

在计算机中用一组地址连续的存储单元按逻辑顺序存储各个数据元素,称为顺序存储结构。以顺序存储结构存储的线性表称为顺序表。在顺序表中是以数据元素的物理位置来体现数据元素之间的线性关系的。长度为 n 的线性表的存储结构如图 3.2 所示。

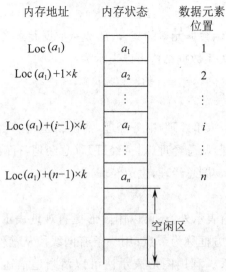

图 3.2　长度为 n 的线性表的存储结构

由于线性表的所有数据元素属于同一数据类型,因此每个元素在存储器中占用的空间(字节数)相同。所以,要在此结构中查找某个元素是很方便的,即只要知道顺序表首地址和每个元素在内存中所占字节的大小,就可以求出任何一个元素的地址。

若定义数组 $A[n] = \{a_1, a_2, \cdots, a_n\}$,假设每一个数组元素占用 k 个字节,则数组元素 $A[1], A[2], \cdots, A[n]$ 的地址分别为 $\text{Loc}(A[1]), \text{Loc}(A[1]) + k, \text{Loc}(A[1]) + 2k, \cdots, \text{Loc}(A[1]) + (n-1)k$。线性表中第 i 个元素 a_i 在计算机中的存储地址为

$$\text{Loc}(a_i) = \text{Loc}(a_1) + (i-1) \times k \quad (1 \leqslant i \leqslant n)。$$

通过计算公式,任意数据元素的存储地址都可以由公式直接导出,因此顺序表可以随机存取其中的任意元素。

顺序存储结构的优点:可以随机存取其中的任意元素。

顺序存储结构的缺点:①需要一块地址连续的存储单元作为线性表的存储空间;②为了保证数据元素存储的连续,在插入和删除元素时要移动大量数据,运算的效率很低;③存储空间不便于扩充,不能对存储空间进行动态分配。

3. 链式存储结构

顺序存储结构的特点是用物理位置上的相邻关系来表示节点间的逻辑关系,故可以随机存取表中的任意节点,但在插入和删除操作时需要移动大量的节点。为避免大量节点的移动,可以采取链式存储结构,简称链表(linked list)。但是,链表不能随机存取表中的任意节点,只能顺序存取。

链式存储结构就是用一组任意的存储单元(可以是不连续的)存储数据元素,每一个数据元素的节点都至少需要用两部分来存储:一部分用于存放数据元素值,称为数据域;另一部分用于存放直接前件或直接后件节点的地址(指针),称为指针域。

链式存储结构具有以下优点。

①不需要一块地址连续的存储单元作为链表的存储空间,可以利用零散的存储单元。

②在插入和删除元素时只需要修改数据元素的指针,不需要移动大量的数据,插入与删除运算的效率很高。

③存储空间便于扩充,能对存储空间进行动态分配。

链式存储方式可用于存储线性结构,如线性链表、带链的栈和带链的队列;也可用于存储非线性结构,如二叉树的链式存储。

(1)单链表。

单链表每一个数据元素的节点有两个部分,如图 3.3 所示。用数据域 data 存储线性表中的数据元素,指针域 next 给出下一个节点的存储地址。节点的指针域将所有节点按线性表的逻辑次序链接成一个整体,形成一个链表,这种链表称为单链表。由于链表中第一个节点没有直接前件,因此必须设置一个头指针 head 存储第一个节点的地址。最后一个节点没有直接后件,其指针域应为空指针。

图 3.3　单链表节点的结构

假设有一个线性表为(A,B,C,D,E),存储空间具有 10 个存储节点,该线性表在存储空间中的存储情况如图 3.4 所示。

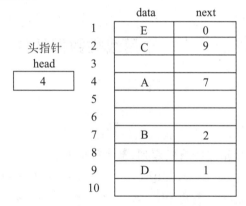

(a)线性链表的物理状态

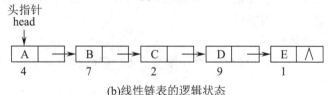

(b)线性链表的逻辑状态

图 3.4　线性链表的存储结构

从图 3.4 可见,每个节点的存储地址存放在直接前件的指针域中。因此,要访问链表中数据元素 C,必须由头指针 head 得到第一个节点(数据元素 A)的地址,由该节点的指针域得到第二个节点(数据元素 B)的地址,再由该节点的指针域得到第三个节点(数据元素 C)的地址。

单链表这种顺着指针链依次访问数据元素的特点,表明链表只能顺序操作链表中的元素,不能像顺序表(数组)那样可以随机存取。

(2)双向链表。

为了提高线性链表的操作速度,使操作更加灵活方便,在链表中增加一个指向前件的指针构成双向链表。在双向链表中,由某一节点出发可以找到其前件和后件。双向链表逻辑结构示意图如图 3.5 所示。

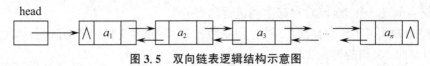

图 3.5　双向链表逻辑结构示意图

（3）循环链表。

访问单链表中任何数据只能从链表头指针开始顺序访问，而不能在任何位置进行随机访问。如要查询的节点在链表的尾部，也需遍历整个链表，所以单链表的应用受到一定的限制。除此之外，在运算过程中对空表和对第一个节点的处理也必须分开考虑，使得空表与非空表的运算不统一。为了解决上述两个缺点，可将单链表首尾相接构成一个环状结构，形成循环链表，如图 3.6 所示。

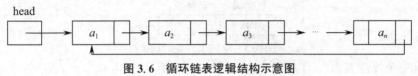

图 3.6　循环链表逻辑结构示意图

3.2　常用线性数据结构

3.2.1　线性表

1. 线性表

线性表是由 n 个数据元素组成的有限序列，是一种典型的线性结构。

线性表可以表示为 $(a_1, a_2, \cdots, a_n)$，其中 $a_i (i=1,2,\cdots,n)$ 是数据对象的元素，也称为线性表的一个节点。节点的个数称为表的长度，当 n 为 0 时，称为空表。

例如，由 26 个大写英文字母组成的字母表 $(A,B,C,\cdots,X,Y,Z)$ 就是一个线性表，表中的每个数据元素均是一个大写字母。

线性表具有如下逻辑特征。

①在非空的线性表中，有且仅有一个开始节点 a_1，它没有直接前件，而仅有一个直接后件 a_2。

②有且仅有一个终端节点 a_n，它没有直接后件，而仅有一个直接前件 a_{n-1}。

③其余的内部节点 $a_i (2 \leqslant i \leqslant n-1)$ 都有且仅有一个直接前件 a_{i-1} 和一个直接后件 a_{i+1}。

2. 线性表的存储结构及其运算

线性表的存储结构有两种形式，一种是存储空间连续的顺序表，另一种是存储空间不连续的线性链表。

（1）顺序表的插入和删除运算。

①顺序表的插入运算。假设线性表 $(a_1, a_2, \cdots, a_n)$ 顺序存储在地址从 1 到 n 的连续存储空间中，那么当在指定位置（如位置 i）插入新元素时，需要先将存储空间中原来的第 n，$n-1, \cdots, i+1, i$ 处的元素依次向后平移到第 $n+1, n, \cdots, i+2, i+1$ 个空间中，然后将新元素

存放到第 i 个空间中。

②顺序表的删除运算。假设线性表 $(a_1,a_2,\cdots,a_n)$ 顺序存储在地址从 1 到 n 的连续存储空间中,那么当删除位置 i 的元素时,需要将存储空间中原来的第 $i+1,i+2,\cdots,n$ 处的元素整体依次向前平移到第 $i,i+1,\cdots,n-1$ 个空间中。当第 i 个空间的元素被第 $i+1$ 个空间的元素替换时,即完成删除操作。

【例 1】　已知顺序表 1～6 的地址中存储了 5 个元素(A,B,C,D,E),如图 3.7 所示,写出在 D 之前插入新元素 W,并继续删除元素 B 后的存储空间的物理状态。

A	B	C	D	E	
1	2	3	4	5	6

图 3.7　顺序表(A,B,C,D,E)

【解】　为了在 D 之前插入新元素 W,首先将 E 和 D 依次移动到空间 6 和 5 中,再将 W 存放到空间 4 中,得到如图 3.8 所示的结果。

A	B	C	W	D	E
1	2	3	4	5	6

图 3.8　插入新元素 W

为了删除元素 B,直接将元素 C,W,D,E 依次移动到空间 2,3,4,5 中,得到如图 3.9 所示的结果。

A	C	W	D	E	
1	2	3	4	5	6

图 3.9　删除元素 B

(2)线性链表的插入和删除运算。

①线性链表的插入运算。假设线性表 $(a_1,a_2,\cdots,a_n)$ 的 n 个元素存储在 n 个非连续的存储空间中。如果要在 a_{i-1} 和 a_i 元素之间插入新元素,首先将新元素随机存放到未使用的某空间中,再修改 a_{i-1} 的 next 指针为新元素所在空间地址,最后修改新元素的 next 指针为 a_i 所在空间地址。

②线性链表的删除运算。假设线性表 $(a_1,a_2,\cdots,a_n)$ 的 n 个元素存储在 n 个非连续的存储空间中。如果要删除元素 a_i,可直接修改 a_{i-1} 的 next 指针为 a_{i+1} 所在空间地址。

【例 2】　给定线性链表,其物理状态如图 3.10 所示,其逻辑状态如图 3.11 所示,头指针指向元素 A。在元素 B 之前插入新元素 W,然后继续删除元素 B,写出完成这两个操作后线性链表的物理状态和逻辑状态。

地址	data	next
1	C	0
2		
3	A	6
4		
5		
6	B	1

图 3.10　原线性链表的物理状态

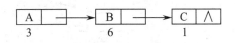

图 3.11　原线性链表的逻辑状态

【解】　为了插入新元素 W,首先将 W 存放到未使用的空间中(假设选择空间 2),然后将 W 的 next 指针设置为 6,A 的 next 指针修改为 2,结果物理状态如图 3.12 所示,逻辑状态如图 3.13 所示。

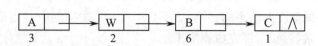

地址	data	next
1	C	0
2	W	6
3	A	2
4		
5		
6	B	1

图 3.12　插入 W 后的物理状态

图 3.13　插入 W 后的逻辑状态

若继续删除元素 B,只需要将 W 的 next 指针修改为 1,结果物理状态如图 3.14 所示,逻辑状态如图 3.15 所示。

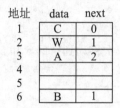

地址	data	next
1	C	0
2	W	1
3	A	2
4		
5		
6	B	1

图 3.14　删除 B 后的物理状态

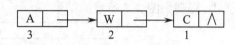

图 3.15　删除 B 后的逻辑状态

3. 线性表的应用案例

【例 3】　现有一个长度为 n 的字符串,判断该字符串是否为回文。回文即正序和逆序所读取的内容相同,如 asdfgfdsa,werrew 等。

【解】　将字符串各个字符依次存储在顺序表中,即各个字符存放在连续的存储空间中。把第一个字符与第 n 个字符比较,第二个字符与第 $n-1$ 个字符比较,以此类推,第 i 个字符与第 $n-i+1$ 个字符比较。如果每次比较都相等,则为回文,如果某次比较不相等,就不是回文。解决该问题需要 3 个量,一个是字符串 $str[n]$,一个是字符串长度 n,一个是记录比较位置的 i。另外,$\lceil n/2 \rceil$ 表示向上取整,可以获得回文的中间位置。回文判断算法流程图如图 3.16 所示。

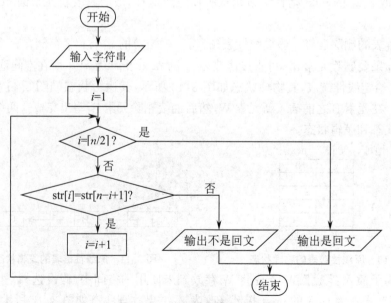

图 3.16　回文判断算法流程图

3.2.2 栈

1. 特殊的线性表——栈

栈(stack)是一种只允许在一端进行插入和删除的线性表,它是一种操作受限的线性表。在栈中只允许进行插入和删除的一端称为栈顶(stack top),另一端称为栈底(stack bottom)。栈的插入操作通常称为进栈(push),而栈的删除操作通常称为出栈(pop)。当栈中没有数据元素时,称为空栈(empty stack)。

由栈的定义可知,栈顶元素总是最后进栈最先出栈,栈底元素总是最先进栈最后出栈。这种表是按照后进先出(last in first out,LIFO)的原则组织数据的,因此栈也被称为"后进先出"的线性表,或"先进后出"的线性表。由此可以看出,栈具有记忆功能。图 3.17 所示是栈的示意图,通常用指针 top 指示栈顶位置,用指针 bottom 指示栈底位置。

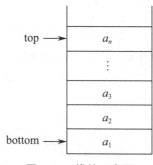

图 3.17　栈的示意图

2. 栈的存储结构及其运算

栈的存储结构有两种形式,一种是存储空间连续的栈表,另一种是存储空间不连续的链栈。采用链式存储结构的栈称为带链的栈,简称链栈。在一个链栈中,栈底就是链表的最后一个节点,而栈顶总是链表的第一个节点。因此,新进栈的元素即为链表新的第一个节点。一个链栈可由 top 指针唯一确定,当 top 指针为 null 时,是一个空栈。链栈的逻辑结构示意图如图 3.18 所示。

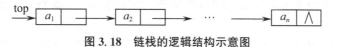

图 3.18　链栈的逻辑结构示意图

(1)栈表的插入和删除运算——进栈和出栈。

①栈表的插入运算(进栈)。假设线性表$(a_1,a_2,\cdots,a_n)$顺序存储在地址从 1 到 n 的连续存储空间中,栈底 bottom 指针指向空间 1(a_1 所在空间),栈顶 top 指针指向空间 n(a_n 所在空间),那么当插入新元素时,只需要将新元素放入空间 $n+1$ 中并将栈顶 top 指针指向空间 $n+1$。

②栈表的删除运算(出栈)。假设线性表$(a_1,a_2,\cdots,a_n)$顺序存储在地址从 1 到 n 的连续存储空间中,栈底 bottom 指针指向空间 1(a_1 所在空间),栈顶 top 指针指向空间 n(a_n 所在空间),那么当删除元素时,只需要将栈顶 top 指针指向空间 $n-1$。

【例 4】 已知栈表中存储了 3 个元素(A,B,C),物理状态如图 3.19 所示,写出先后经过一次出栈和两次进栈(插入新元素 M,N)后的物理状态。

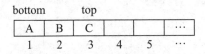

图 3.19 初始物理状态

【解】 先进行一次出栈操作,即 top 指针指向空间 2,此时栈表为(A,B),结果如图 3.20 所示。

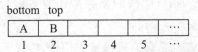

图 3.20 一次出栈后的物理状态

再进行一次进栈操作,将 M 进栈,M 存入到空间 3 中,top 指针指向空间 3,此时栈表为 (A,B,M),结果如图 3.21 所示。

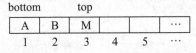

图 3.21 一次进栈后的物理状态

继续进行一次进栈操作,将 N 进栈,N 存入到空间 4 中,top 指针指向空间 4,此时栈表为 (A,B,M,N),结果如图 3.22 所示。

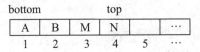

图 3.22 二次进栈后的物理状态

(2)链栈的插入和删除运算——进栈和出栈。

①链栈的插入运算(进栈)。假设链栈中已经存储了$(a_1,a_2,\cdots,a_n)$的 n 个元素,元素 a_1 位于栈顶空间,a_n 位于栈底空间。此时,若要将新元素进栈,首先需要将新元素随机存放到未使用的某空间中,然后将 top 指针修改为新元素所在空间地址并将其 next 指针修改为 a_1 所在空间地址。

②链栈的删除运算(出栈)。假设链栈中已经存储了$(a_1,a_2,\cdots,a_n)$的 n 个元素,元素 a_1 位于栈顶空间,a_n 位于栈底空间。此时,若要进行出栈操作,需要将 top 指针修改为元素 a_2 所在空间地址。

【例5】 已知链栈中存储了 3 个元素(A,B,C),元素 A 位于栈顶,元素 C 位于栈底,逻辑状态如图 3.23 所示,写出先经过一次出栈和一次进栈(插入新元素 M)后的逻辑状态。

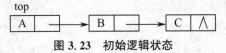

图 3.23 初始逻辑状态

【解】 先进行一次出栈操作,将 top 指针修改为指向 B,此时链栈为(B,C),结果如图 3.24 所示。

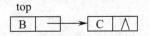

图 3.24 一次出栈后的逻辑状态

再进行一次进栈操作,将 top 指针指向新元素 M 所在空间,M 的 next 指针指向 B,此时链栈为(M,B,C),结果如图 3.25 所示。

图 3.25　M 进栈后的逻辑状态

3. 栈的应用案例

【例 6】　利用栈计算数学表达式(2+3) * 6−5 的值。

【解】　基本步骤如下。

①将表达式的每步运算都加上一对小括号,改写为(((2+3) * 6)−5)。设表达式的读取位置为表达式左边第一个字符,本例中左边第一个字符为左括号"("。

②从表达式当前读取位置向右读取每一个字符并将字符进栈,直到遇到右括号时停止读取,并记录读取位置为当前右括号的下一个位置。

③将栈顶字符依次出栈并与刚遇到的右括号合成一个子表达式。

④计算步骤③中合成的子表达式值,并将该值进栈。如果当前读取位置没有字符(所有字符都已经读取完毕),则该值即为整个表达式的值(最终结果),否则回到步骤②。

图 3.26 所示为用栈计算表达式(((2+3) * 6)−5)的值的具体步骤和栈的状态变化。

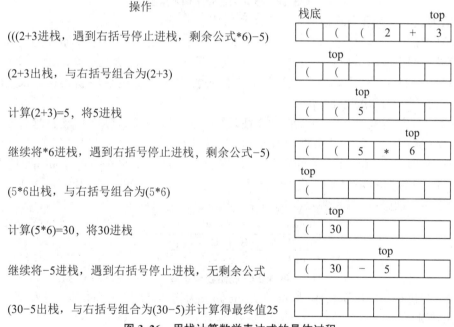

图 3.26　用栈计算数学表达式的具体过程

3.2.3　队列

1. 特殊的线性表——队列

队列(queue)是一种只允许在一端进行插入,而在另一端进行删除的线性表,它也是一种操作受限的线性表。在队列中只允许进行插入的一端称为队尾(rear),只允许进行删除的一端称为队头(front)。队列的插入操作通常称为入队或进队,而队列的删除操作通常称为出队或退队。当队列中没有数据元素时,称为空队列。

由队列的定义可知,队头元素总是最先进队,最先出队;队尾元素总是最后进队,最后出队。这种表是按照先进先出(first in first out,FIFO)的原则组织数据的,因此队列也被称为

"先进先出"的线性表。

假设队列 $q = \{a_0, a_1, a_2, \cdots, a_{n-1}\}$，进队的顺序为 $a_0, a_1, a_2, \cdots, a_{n-1}$，则队头元素为 a_0，队尾元素为 a_{n-1}。图 3.27 所示为队列的示意图，通常用指针 front 指示队头的前一个位置，用指针 rear 指向队尾位置。

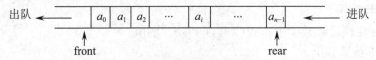

图 3.27　队列的示意图

2. 队列的存储结构及其运算

队列的存储结构有两种形式，一种是存储空间连续的队列表，另一种是存储空间不连续的链队。采用链式存储结构的队列称为带链的队，简称链队。在链队结构中，分别设置队尾和队头指针指示链队的位置。链队的逻辑结构示意图如图 3.28 所示。

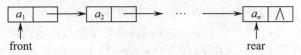

图 3.28　链队的逻辑结构示意图

(1)队列表的插入和删除运算——进队和出队。

①队列表的插入运算（进队）。假设线性表 $(a_m, a_{m+1}, \cdots, a_n)$ 顺序存储在地址从 m 到 n 的连续存储空间中 $(m < n)$，队头指针 front 指向空间 $m-1$ (a_m 所在空间的前一个位置)，队尾指针 rear 指向空间 n (a_n 所在空间)，那么当插入新元素时，只需要将新元素放入空间 $n+1$ 中并将队尾指针 rear 指向空间 $n+1$。

②队列表的删除运算（出队）。假设线性表 $(a_m, a_{m+1}, \cdots, a_n)$ 顺序存储在地址从 m 到 n 的连续存储空间中 $(m < n)$，队头指针 front 指向空间 $m-1$ (a_m 所在空间的前一个位置)，队尾指针 rear 指向空间 n (a_n 所在空间)，那么当删除元素时，只需将队头指针 front 指向空间 m。

【例7】　已知队列表中存储了 3 个元素(A,B,C)，物理状态如图 3.29 所示，写出先后经过一次出队和一次进队(插入新元素 M)后的物理状态。

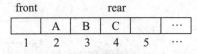

图 3.29　初始物理状态

【解】　先进行一次出队操作，将指针 front 修改为指向空间 2，此时队列表为(B,C)，结果如图 3.30 所示。

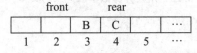

图 3.30　一次出队后的物理状态

再进行一次进队操作，将 M 进队，M 存入到空间 5 中，指针 rear 修改为指向空间 5，此时队列表为(B,C,M)，结果如图 3.31 所示。

front		rear		
		B	C	M	⋯
1	2	3	4	5	⋯

图 3.31　一次进队后的物理状态

(2)链队的插入和删除运算——进队和出队。

①链队的插入运算(进队)。假设线性表$(a_m,a_{m+1},\cdots,a_n)$存储在链队中,指针 front 指向元素 a_m 位于的队头空间,指针 rear 指向元素 a_n 位于的队尾空间,此时若要将新元素进队,首先需要将新元素随机存放到未使用的某空间中,新元素的指针 next 设置为"∧"(∧表示空,即链队结束),然后将 a_n 的指针 next 和指针 rear 都修改为新元素所在空间地址。

②链队的删除运算(出队)。假设线性表$(a_m,a_{m+1},\cdots,a_n)$存储在链队中,指针 front 指向元素 a_m 位于的队头空间,指针 rear 指向元素 a_n 位于的队尾空间,此时若进行出队操作,需要将指针 front 修改为 a_{m+1} 所在空间。

【例8】　已知链队中存储了 3 个元素(A,B,C),指针 front 指向队头元素 A,指针 rear 指向队尾元素 C,初始逻辑状态如图 3.32 所示,写出先后经过一次出队和一次进队(插入新元素 M)后的逻辑状态。

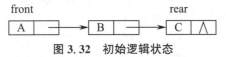
图 3.32　初始逻辑状态

【解】　先进行一次出队操作,将指针 front 修改为指向 B,此时链队为(B,C),结果如图 3.33 所示。

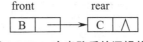
图 3.33　一次出队后的逻辑状态

再进行一次进队操作,将 M 进队,M 存入某未使用的空间,设置 M 的指针 next 为"∧",修改 C 的指针 next 和指针 rear 指向新元素 M 所在空间,此时链队为(B,C,M),结果如图 3.34 所示。

图 3.34　一次进队后的逻辑状态

3. 队列的一种存储结构——循环队列

循环队列是一种队列的物理存储结构。如果队尾指针已经指向最后一个位置,但是队头还有空位置,此时并不能进队。为了解决这个问题,可以采用循环队列的形式。循环队列将顺序队列的存储区假想为一个环状的空间,使顺序队列的整个数组空间变为首尾相接的队列。在循环队列中,指针 rear 可以出现在指针 front 之前。

【例9】　已知存在一个循环队列(见图 3.35),具有 5 个存储空间,空间地址为 20 到 24,经过一系列的进队和出队操作后,队列为空队列,指针 rear 和指针 front 初始指向空间 23。

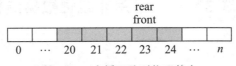
图 3.35　空循环队列物理状态

完成如下要求:

①写出将 A,B,C 这 3 个元素进队后的队列状态。

②继续出队 2 个元素,写出出队后的队列状态。

【解】 将 3 个元素进队。A 先进队,存到空间 24。B 再进队,因为空间 24 已经是队列空间的尽头,所以 B 要循环存放到空间 20。C 继续进队,存入空间 21,此时指针 rear 指向 21,队列为(A,B,C),结果如图 3.36 所示。

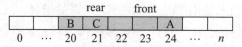

图 3.36　3 个元素进队后的物理状态

继续出队 2 个元素。A 是队头,A 先出队,A 出队后指针 front 移到空间 24。B 变成队头,B 继续出队,B 出队后指针 front 移到空间 20,此时队列为(C),结果如图 3.37 所示。

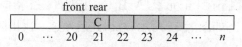

图 3.37　2 个元素出队后的物理状态

【例 10】 设循环队列的存储空间为 Q(1:35),初始状态为 front=rear=35。现经过一系列进队与出队运算后,front=25,rear=15,则循环队列中的元素个数是多少?

【解】 因为 front>rear,所以循环队列的元素存放在存储空间的首尾两端,且队头指针指向第一个元素之前的空间,如图 3.38 所示,则共用元素 $15+(35-26+1)=25$ 个。

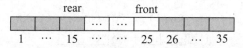

图 3.38　循环队列物理状态

4. 队列的应用案例

【例 11】 利用队列作为打印机的缓冲区。

在主机将文件发送到打印机时,会出现主机发送文件的速度与打印机的打印速度不匹配的问题,即主机的速度远快于打印机的速度,这时主机就要停止下来等待打印机,这样会降低主机的使用效率。为了解决该问题,可以设置一个打印缓冲区,当主机需要打印文件时,先将文件依次写到缓冲区,写满后主机转去做其他事情,而打印机就从缓冲区按照先进先出的原则读取文件并打印,这样做既保证了打印文件的准确性,又提高了主机的使用效率。打印机的文件缓冲区就是一个队列结构。设置了文件缓冲区的打印机队列如图 3.39 所示。

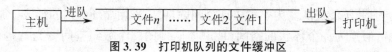

图 3.39　打印机队列的文件缓冲区

3.3　常用非线性数据结构

3.3.1　树的基本概念

树(tree)是一种十分重要的非线性结构。在这种结构中,所有数据元素之间的关系具有明显的层次特性。树的逻辑结构表示数据之间的关系是一对多或多对一的关系,如图 3.40 所示。节点为零的树称为空树。树的存储结构可以采用链式存储,也可以采用顺序存储。在树的链式存储中,节点的指针域会有多个,称为多重链表。

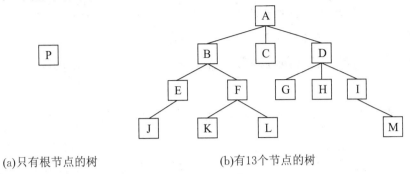

(a)只有根节点的树　　　　　　(b)有13个节点的树

图 3.40　树的示意图

树结构包括以下基本术语。

①根节点。没有前件的节点叫作根节点。所有非空树都有唯一的一个根节点。图 3.40 所示的节点 P 和节点 A 都是根节点。

②子树。以某节点的一个子节点为根节点构成的树称为该节点的一棵子树。

③节点的度。一个节点拥有子树的个数称为该节点的度。图 3.40 所示的根节点 A、节点 D 的度为 3,节点 B,F 的度为 2,节点 E,I 的度为 1,节点 J,K,L,M,G,H,C 的度为 0。

④父节点、子节点。一个节点的前件节点是它的父节点,后件节点是它的子节点。图 3.40 所示的节点 D 是节点 G,H,I 的父节点,节点 G,H,I 是节点 D 的子节点。

⑤叶子节点。没有后件的节点称为叶子节点。叶子节点的度为 0。图 3.40 所示的节点 J,K,L,M,G,H,C 都是叶子节点。

⑥树的度。树中所有节点的度的最大值称为树的度。图 3.40 所示的树的度为 3。

⑦节点的层次。根节点处于第一层,根节点的子节点处于第二层,若某节点处于第 k 层,则其子节点处于第 $k+1$ 层。图 3.40 所示的节点 C 处在第二层,节点 K 处在第四层。

⑧树的深度。树中节点的最大层次称为树的深度或高度。图 3.40 所示的树的深度为 4。

3.3.2　二叉树的基本概念

1. 特殊的树结构——二叉树

在树结构中,二叉树(binary tree)是一种最常用的、方便处理的重要的树结构,二叉树中所有节点的度的最大值为 2。图 3.41 所示为一棵只有根节点的二叉树和一棵深度为 4 的二叉树。

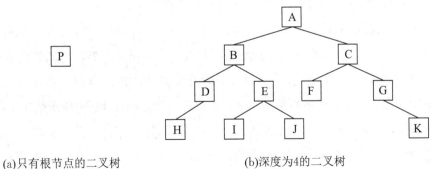

(a)只有根节点的二叉树　　　　　　(b)深度为4的二叉树

图 3.41　二叉树的示意图

（1）二叉树的基本性质。

性质 1　在二叉树的第 i 层上最多有 2^{i-1} 个节点（$i \geqslant 1$）。

性质 2　深度为 k 的二叉树最多有 $2^k - 1$ 个节点（$k \geqslant 1$）。

性质 3　任意一棵二叉树的度为 0 的节点（叶子节点）总比度为 2 的节点多一个，即 $n_0 = n_2 + 1$。

性质 4　节点个数为 n 的二叉树，其深度至少为 $\lfloor \log_2 n \rfloor + 1$，$\lfloor \log_2 n \rfloor$ 表示取 $\log_2 n$ 的整数部分。

【例 1】　一棵二叉树中共有 30 个叶子节点和 15 个度为 1 的节点，问：该二叉树中的总节点数为多少？

【解】　总节点数 $n = n_0 + n_1 + n_2 = 30 + 15 + (30 - 1) = 74$。

【例 2】　有一棵二叉树，共有 8 个节点，其中叶子节点只有 1 个，问：该二叉树的深度为多少？

【解】　度为 2 的节点数 $n_2 = 1 - 1 = 0$，即没有度为 2 的节点，所有节点都是度为 1 的节点，所以每个层次上仅有 1 个节点，8 个节点分布在 8 个层次上，二叉树的深度为 8。

（2）满二叉树与完全二叉树。

①满二叉树。满二叉树中除叶子节点外，所有节点都有 2 个子节点。在满二叉树的第 i 层上有 2^{i-1} 个节点，深度为 k 的满二叉树有 $2^k - 1$ 个节点。图 3.42 所示是一棵满二叉树，其深度为 4，节点数为 15。

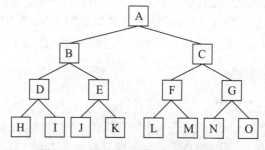

图 3.42　深度为 4 的满二叉树示意图

【例 3】　深度为 5 的二叉树有多少个叶子节点？有多少个节点？

【解】　叶子节点数为 $2^{5-1} = 16$。节点数为 $2^5 - 1 = 31$。

②完全二叉树。完全二叉树是除最后一层外，每一层上的节点数均达到最大值；在最后一层上从左至右连续存在若干节点，只缺少右边的若干节点，如图 3.43(a) 和图 3.43(c) 所示。而图 3.43(b) 和图 3.43(d) 所示的是非完全二叉树。因为在图 3.43(b) 所示的二叉树中，在节点 B 缺少右子节点的情况下，节点 C 的左子节点却存在，所以不是完全二叉树；在图 3.43(d) 所示的二叉树中，在节点 C 缺少左子节点的情况下，节点 C 的右子节点却存在，所以不是完全二叉树。

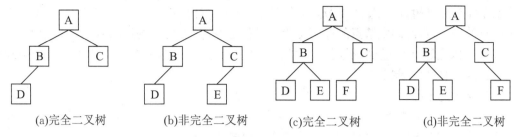

(a)完全二叉树　　　(b)非完全二叉树　　　(c)完全二叉树　　　(d)非完全二叉树

图 3.43　完全二叉树与非完全二叉树

满二叉树一定是完全二叉树,但完全二叉树并不一定是满二叉树。完全二叉树的叶子节点只可能在层次最大的两层上出现,对于任何一个节点,若其右分支下的子节点的最大层次为 p,则其左分支下的子节点的最大层次为 p 或 $p+1$。

完全二叉树具有以下两个性质。

性质 1　具有 n 个节点的完全二叉树的深度为 $\lfloor \log_2 n \rfloor + 1$。

性质 2　设完全二叉树共有 n 个节点。如果从根节点开始从上到下、从左到右按层次进行编号,则对于编号为 k 的节点,该节点的父节点编号为 $\lfloor k/2 \rfloor$,该节点的左子节点编号为 $2k$ $(2k \leqslant n)$,右子节点编号为 $2k+1$ $(2k+1 \leqslant n)$。

2. 二叉树的存储结构

二叉树属于非线性结构,所以通常情况下采用链式存储。采用链式存储的二叉树称为二叉链表。

由于二叉树每个节点最多只有 2 个子节点,分别为左子节点和右子节点,因此可以把每个节点分成 3 个域:一个域存放节点本身的信息,另外两个是指针域,分别存放左、右子节点的地址。每个节点的结构如图 3.44 所示。其中,左链域 lchild 为指向左子树的指针,右链域 rchild 为指向右子树的指针,数据域 data 表示节点的值。若某节点没有左子树或右子树,其相应的链域为空指针。

lchild	data	rchild

图 3.44　二叉树节点的结构

通常用指针 BT 指向二叉链表的根节点(存储该节点的地址),称为头指针。图 3.45 所示为二叉树的存储结构。

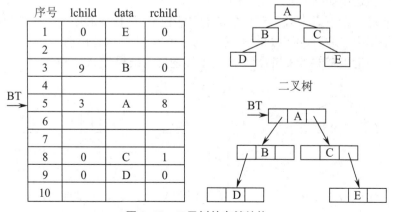

图 3.45　二叉树的存储结构

对于完全二叉树,当已知某个节点的编号时,就可以计算出该节点的父节点、左子节点和右子节点的编号,从而确定节点的存储位置。也就是说,节点之间的层次结构是稳定的,前后件的关系可以通过计算得出,不是只能通过指针来指定。因此,完全二叉树可以采用链式存储,也可以采用顺序存储。

3. 二叉树的遍历

二叉树的插入和删除操作遵循顺序存储和链式存储的规则进行。对于二叉树,遍历操作是不同于线性结构的操作,也是完成其他操作的前提。

遍历二叉树是指按一定规律对二叉树的每个节点进行访问,且仅访问一次的处理过程。根据访问根节点的次序,二叉树的遍历可以分为前序遍历、中序遍历和后序遍历。

(1)前序遍历。

前序遍历首先访问根节点,然后遍历左子树,最后遍历右子树。对左、右子树也按前序遍历的递归规则进行遍历,直到要遍历的左、右子树为空。因此,前序遍历是一个递归过程。

(2)中序遍历。

中序遍历首先遍历左子树,然后访问根节点,最后遍历右子树。对左、右子树也按中序遍历的递归规则进行遍历,直到要遍历的左、右子树为空。因此,中序遍历也是一个递归过程。

(3)后序遍历。

后序遍历首先遍历左子树,然后遍历右子树,最后访问根节点。对左、右子树也按后序遍历的递归规则进行遍历,直到要遍历的左、右子树为空。因此,后序遍历也是一个递归过程。

图 3.46(c)所示的二叉树,若采用前序遍历,则遍历结果为 ABDECF;若采用中序遍历,则遍历结果为 DBEACF;若采用后序遍历,则遍历结果为 DEBFCA。

如果给出二叉树的中序遍历和后序遍历,就可以求出前序遍历;或者给出二叉树的中序遍历和前序遍历,就可以求出后序遍历。

【例 4】 已知一棵二叉树的中序遍历为 DBEACF,后序遍历是 DEBFCA,求该二叉树的前序遍历。

【解】 根据后序遍历,可以判断 A 是二叉树的根节点,又根据中序遍历,可以判断 DBE 是 A 的左子树节点,CF 是 A 的右子树节点,则可以构造出如图 3.46(a)所示的树。

由于所求为一棵二叉树,因此 D,B,E 这 3 个节点中必定有一个是子树的根节点,根据后序遍历,可以判断 B 是子树的根节点,又根据中序遍历,可以判断 D 是 B 的左子节点,E 是 B 的右子节点,则构造出如图 3.46(b)所示的树。

同理,C,F 这 2 个节点中必定有一个是子树的根节点,根据后序遍历,可以判断 C 是子树的根节点,又根据中序遍历,可以判断 F 是 C 的右子节点,则构造出图 3.46(c)所示的树。

因此,根据构造出来的二叉树,可以得出前序遍历的结果为 ABDECF。

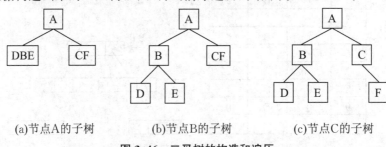

(a)节点A的子树 　　　　(b)节点B的子树 　　　　(c)节点C的子树

图 3.46 二叉树的构造和遍历

4. 二叉树的应用案例

【**例 5**】　二分查找树是一棵排列有序的二叉树,即每个节点都满足左子树中的所有节点均小于本节点,右子树中的所有节点均大于本节点的顺序。利用二分查找树可以快速地以二分法的规则查找元素,二分查找树的创建可以采用中序遍历方法完成。建立数字 0 到 9 这 10 个数字的二分查找树,使得查找其中任何一个数字的比较次数都不超过 4 次。

【**解**】　(1)创建二分查找树。

①首先建立一个如图 3.47 所示的二叉树,树的深度为 4,每个节点的数据域暂时为空。

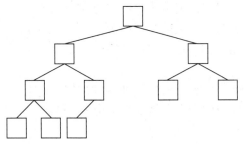

图 3.47　含 10 个节点、深度为 4 的初始二叉树

②对该二叉树进行中序遍历,并按照由小到大的顺序将 0 到 9 依次填写到中序遍历顺序中的每个节点中,如图 3.48 所示,最后得到 0~9 的二分查找树。

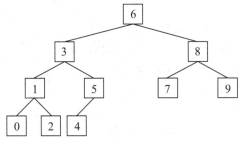

图 3.48　0~9 的二分查找树

(2)二分查找数字 4。

当查找数字 4 时,首先用 4 和根节点 6 比较,发现 4 小于 6,开始查找 6 的左子树。因为 4 大于 3,所以继续查找 3 的右子树。因为 4 小于 5,所以继续查找 5 的左子树。5 的左子树就只有一个节点 4,且等于要查找的数字 4,因此查找结束。整个查找过程一共进行了 4 次比较,不难发现查找任何数字的次数都小于或等于 4。

🔍 习　题　三

一、选择题

1. 设数据元素的集合 $D=\{1,2,3,4,5\}$,则满足下列关系 R 的数据结构中为线性结构的是_____。

A. $R=\{(1,2),(3,4),(5,1)\}$ 　　　　B. $R=\{(1,3),(4,1),(3,2),(5,4)\}$

C. $R=\{(1,2),(2,3),(4,5)\}$ 　　　　D. $R=\{(1,3),(2,4),(3,5)\}$

2. 下列叙述中正确的是_____。

  A. 有且只有一个根节点的数据结构一定是线性结构

  B. 每一个节点最多有一个前件也最多有一个后件的数据结构一定是线性结构

  C. 有且只有一个根节点的数据结构一定是非线性结构

  D. 有且只有一个根节点的数据结构可能是线性结构,也可能是非线性结构

3. 下列叙述中正确的是_____。

  A. 存储空间连续的数据结构一定是线性结构

  B. 存储空间不连续的数据结构一定是非线性结构

  C. 没有根节点的非空数据结构一定是线性结构

  D. 具有两个根节点的数据结构一定是非线性结构

4. 下列叙述中正确的是_____。

  A. 有一个以上根节点的数据结构不一定是非线性结构

  B. 只有一个根节点的数据结构不一定是线性结构

  C. 循环链表是非线性结构

  D. 双向链表是非线性结构

5. 下列数据结构中,属于非线性结构的是_____。

  A. 循环队列   B. 链队   C. 二叉树   D. 链栈

6. 下列叙述中正确的是_____。

  A. 存储空间不连续的所有链表一定是非线性结构

  B. 节点中有多个指针域的所有链表一定是非线性结构

  C. 能顺序存储的数据结构一定是线性结构

  D. 带链的栈与队列是线性结构

7. 下列叙述中正确的是_____。

  A. 循环队列属于队列的链式存储结构

  B. 双向链表是二叉树的链式存储结构

  C. 非线性结构只能采用链式存储结构

  D. 有的非线性结构也可以采用顺序存储结构

8. 下列叙述中正确的是_____。

  A. 在链表中,如果每个节点有两个指针域,则该链表一定是非线性结构

  B. 在链表中,如果有两个节点的同一个指针域的值相等,则该链表一定是非线性结构

  C. 在链表中,如果每个节点有两个指针域,则该链表一定是线性结构

  D. 在链表中,如果有两个节点的同一个指针域的值相等,则该链表一定是线性结构

9. 下列叙述中正确的是_____。

  A. 栈与队列都只能顺序存储

  B. 循环队列是队列的顺序存储结构

  C. 循环链表是循环队列的链式存储结构

  D. 栈是顺序存储结构而队列是链式存储结构

10. 下列叙述中正确的是_____。

  A. 带链队列的存储空间可以不连续,但队头指针必须大于队尾指针

  B. 带链队列的存储空间可以不连续,但队头指针必须小于队尾指针

　　C. 带链队列的存储空间可以不连续,且队头指针可以大于也可以小于队尾指针

　　D. 带链队列的存储空间一定是不连续的

11. 下列叙述中正确的是_____。

　　A. 顺序存储结构的存储一定是连续的,链式存储结构的存储不一定是连续的

　　B. 顺序存储结构只针对线性结构,链式存储结构只针对非线性结构

　　C. 顺序存储结构能存储有序表,链式存储结构不能存储有序表

　　D. 链式存储结构比顺序存储结构节省存储空间

12. 下列叙述中正确的是_____。

　　A. 栈是先进先出的线性表

　　B. 队列是先进后出的线性表

　　C. 循环队列是非线性结构

　　D. 有序线性表既可以采用顺序存储结构,也可以采用链式存储结构

13. 下列叙述中正确的是_____。

　　A. 栈按先进先出组织数据　　　　　　B. 栈按先进后出组织数据

　　C. 只能在栈底插入数据　　　　　　　D. 在栈中不能删除数据

14. 下列叙述中正确的是_____。

　　A. 在栈中只能插入数据,不能删除数据

　　B. 在栈中只能删除数据,不能插入数据

　　C. 栈是先进后出的线性表

　　D. 栈是先进先出的线性表

15. 下列叙述中正确的是_____。

　　A. 在栈中,元素随栈底指针与栈顶指针的变化而动态变化

　　B. 在栈中,栈顶指针不变,元素随栈底指针的变化而动态变化

　　C. 在栈中,栈底指针不变,元素随栈顶指针的变化而动态变化

　　D. 以上说法都不正确

16. 下列叙述中正确的是_____。

　　A. 栈顶元素最先能被删除　　　　　　B. 栈顶元素最后才能被删除

　　C. 栈底元素永远不能被删除　　　　　D. 栈底元素最先被删除

17. 下列叙述中正确的是_____。

　　A. 栈底元素一定是最后进栈的元素　　B. 栈顶元素一定是最先进栈的元素

　　C. 栈操作遵循先进后出的原则　　　　D. 以上说法均错

18. 下列数据结构中,能够按照先进后出原则存取数据的是_____。

　　A. 循环队列　　　　　B. 栈　　　　　　C. 队列　　　　　　D. 二叉树

19. 一个栈的初始状态为空。现将元素 1,2,3,A,B,C 依次进栈,然后再依次出栈,则元素出栈的顺序是_____。

　　A. 1,2,3,A,B,C　　　B. C,B,A,1,2,3　　　C. C,B,A,3,2,1　　　D. 1,2,3,C,B,A

20. 一个栈的初始状态为空。现将元素 1,2,3,4,5,A,B,C,D,E 依次进栈,然后再依次出栈,则元素出栈的顺序是_____。

　　A. 1,2,3,4,5,A,B,C,D,E　　　　　　B. E,D,C,B,A,5,4,3,2,1

　　C. A,B,C,D,E,1,2,3,4,5　　　　　　D. 5,4,3,2,1,E,D,C,B,A

21. 设栈的顺序存储空间为 S(1:50),初始状态为 top＝0。一系列进栈与出栈运算后,top＝20,则当前栈中的元素个数为_____。

   A. 30　　　　　　　　B. 29　　　　　　　　C. 20　　　　　　　　D. 19

22. 设栈的顺序存储空间为 S(1:m),初始状态为 top＝m+1。一系列进栈与出栈运算后,top＝20,则当前栈中的元素个数为_____。

   A. 30　　　　　　　　B. 20　　　　　　　　C. $m-19$　　　　　　D. $m-20$

23. 设栈的顺序存储空间为 S(0:49),栈底指针 bottom＝49,栈顶指针 top＝30(指向栈顶元素),则栈中的元素个数为_____。

   A. 30　　　　　　　　B. 29　　　　　　　　C. 20　　　　　　　　D. 19

24. 一个栈的初始状态为空。现将元素 A,B,C,D,E 依次进栈,然后依次出栈 3 次,并将出栈的 3 个元素依次进队(原队列为空),最后将队列中的元素全部出队,则元素出队的顺序为_____。

   A. A,B,C　　　　　　B. C,B,A　　　　　　C. E,D,C　　　　　　D. C,D,E

25. 支持子程序调用的数据结构是_____。

   A. 栈　　　　　　　　B. 树　　　　　　　　C. 队列　　　　　　　D. 二叉树

26. 下列与队列结构有关联的是_____。

   A. 函数的递归调用　　　　　　　　　　B. 数组元素的引用
   C. 多重循环的执行　　　　　　　　　　D. 先到先服务的作业调度

27. 下列叙述中正确的是_____。

   A. 循环队列是队列的一种链式存储结构
   B. 循环队列是队列的一种顺序存储结构
   C. 循环队列是非线性结构
   D. 循环队列是一种逻辑结构

28. 对于循环队列,下列叙述中正确的是_____。

   A. 队头指针是固定不变的
   B. 队头指针一定大于队尾指针
   C. 队头指针一定小于队尾指针
   D. 队头指针可以大于队尾指针,也可以小于队尾指针

29. 对于循环队列,下列叙述中正确的是_____。

   A. 循环队列有队头和队尾两个指针,因此循环队列是非线性结构
   B. 在循环队列中,只需要队头指针就能反映队列中元素的动态变化情况
   C. 在循环队列中,只需要队尾指针就能反映队列中元素的动态变化情况
   D. 在循环队列中,元素的个数是由队头指针和队尾指针共同决定的

30. 下列叙述中正确的是_____。

   A. 循环队列中的元素个数随队头指针与队尾指针的变化而动态变化
   B. 循环队列中的元素个数随队头指针的变化而动态变化
   C. 循环队列中的元素个数随队尾指针的变化而动态变化
   D. 以上说法都不对

31. 设循环队列为 Q(1:m),初始状态为 front＝rear＝m。现经过一系列的进队与出队运算后,front＝rear＝1,则该循环队列中的元素个数为_____。

A. 1　　　　　　　　B. 2　　　　　　　　C. $m-1$　　　　　　D. 0 或 m

32. 设循环队列的存储空间为 $Q(1:35)$，初始状态为 front＝rear＝35。现经过一系列进队与出队运算后，front＝rear＝15，则该循环队列中的元素个数为＿＿＿＿＿＿＿。

A. 15　　　　　　　　B. 16　　　　　　　C. 20　　　　　　　　D. 0 或 35

33. 设循环队列为 $Q(1:m)$，初始状态为 front＝rear＝m。经过一系列进队与出队运算后，front＝20，rear＝15。现要在该循环队列中寻找最小值的元素，最坏情况下需要比较的次数为＿＿＿＿＿＿＿。

A. 4　　　　　　　　B. 6　　　　　　　　C. $m-5$　　　　　　D. $m-6$

34. 设循环队列为 $Q(1:m)$，初始状态为 front＝rear＝m。经过一系列进队与出队运算后，front＝15，rear＝20。现要在该循环队列中寻找最大值的元素，最坏情况下需要比较的次数为＿＿＿＿＿＿＿。

A. 4　　　　　　　　B. 6　　　　　　　　C. $m-5$　　　　　　D. $m-6$

35. 下列关于线性链表的叙述中正确的是＿＿＿＿＿＿＿。

A. 各数据节点的存储空间可以不连续，但它们的存储顺序与逻辑顺序必须一致

B. 各数据节点的存储顺序与逻辑顺序可以不一致，但它们的存储空间必须连续

C. 进行插入与删除时，不需要移动表中的元素

D. 以上说法均不正确

36. 下列叙述中正确的是＿＿＿＿＿＿＿。

A. 线性表链式存储结构的存储空间一般要少于顺序存储结构

B. 线性表链式存储结构与顺序存储结构的存储空间都是连续的

C. 线性表链式存储结构的存储空间可以是连续的，也可以是不连续的

D. 以上说法均错误

37. 下列叙述中正确的是＿＿＿＿＿＿＿。

A. 链表节点中具有两个指针域的数据结构可以是线性结构，也可以是非线性结构

B. 线性表的链式存储结构中，每个节点必须有指向前件和指向后件的两个指针

C. 线性表的链式存储结构中，每个节点只能有一个指向后件的指针

D. 线性表的链式存储结构中，叶子节点的指针只能是空

38. 下列叙述中错误的是＿＿＿＿＿＿＿。

A. 在双向链表中，可以从任何一个节点开始直接遍历到所有节点

B. 在循环链表中，可以从任何一个节点开始直接遍历到所有节点

C. 在线性单链表中，可以从任何一个节点开始直接遍历到所有节点

D. 在二叉链表中，可以从根节点开始遍历到所有节点

39. 下列链表中，其逻辑结构属于非线性结构的是＿＿＿＿＿＿＿。

A. 二叉链表　　　　　B. 循环链表　　　　　C. 双向链表　　　　　D. 链栈

40. 下列叙述中错误的是＿＿＿＿＿＿＿。

A. 在链队中，队头指针和队尾指针都是在动态变化的

B. 在链栈中，栈顶指针和栈底指针都是在动态变化的

C. 在链栈中，栈顶指针是在动态变化的，但栈底指针是不变的

D. 在链队中，队头指针和队尾指针可以指向同一个位置

41. 下列关于二叉树的叙述中正确的是＿＿＿＿＿＿＿。

A. 叶子节点总是比度为 2 的节点少一个

B. 叶子节点总是比度为 2 的节点多一个

C. 叶子节点数是度为 2 的节点数的两倍

D. 度为 2 的节点数是度为 1 的节点数的两倍

42. 某二叉树中有 n 个叶子节点,则该二叉树中度为 2 的节点数为_____。

    A. $n+1$ B. $n-1$ C. $2n$ D. $n/2$

43. 某二叉树有 5 个度为 2 的节点,则该二叉树中的叶子节点数是_____。

    A. 10   B. 8   C. 6   D. 4

44. 一棵二叉树共有 25 个节点,其中 5 个是叶子节点,则度为 1 的节点数为_____。

    A. 16   B. 10   C. 6   D. 4

45. 一棵二叉树中共有 80 个叶子节点与 70 个度为 1 的节点,则该二叉树中的总节点数为_____。

    A. 219   B. 229   C. 230   D. 231

46. 某二叉树共有 12 个节点,其中叶子节点只有 1 个,则该二叉树的深度为(根节点在第一层)_____。

    A. 3   B. 6   C. 8   D. 12

47. 某二叉树共有 13 个节点,其中有 4 个度为 1 的节点,则叶子节点数为_____。

    A. 5   B. 4   C. 3   D. 2

48. 在深度为 7 的满二叉树中,度为 2 的节点个数为_____。

    A. 64   B. 63   C. 32   D. 31

49. 某二叉树的前序遍历为 ABCDEFG,中序遍历为 DCBAEFG,则该二叉树的深度(根节点在第一层)为_____。

    A. 2   B. 3   C. 4   D. 5

50. 某二叉树的中序遍历为 DCBAEFG,后序遍历为 DCBGFEA,则该二叉树的深度(根节点在第一层)为_____。

    A. 5   B. 4   C. 3   D. 2

51. 某二叉树的前序遍历为 ABCDEFG,中序遍历为 DCBAEFG,则该二叉树的后序遍历为_____。

    A. EFGDCBA   B. DCBEFGA   C. BCDGFEA   D. DCBGFEA

52. 某二叉树的后序遍历为 CBA,中序遍历为 ABC,则该二叉树的前序遍历为_____。

    A. BCA   B. CBA   C. ABC   D. CAB

53. 对如图 3.49 所示的二叉树进行前序遍历的结果是_____。

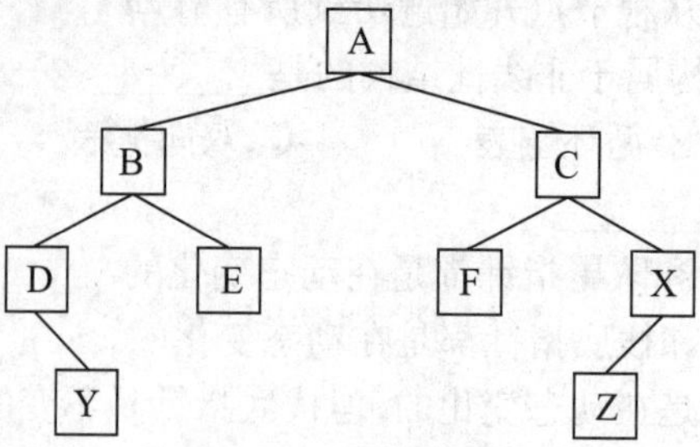

图 3.49 第 53 题图

    A. DYBEAFCZX   B. YDEBFZXCA   C. ABDYECFXZ   D. ABCDEFXYZ

54. 为了对有序表进行二分查找,要求有序表_____。
    A. 只能顺序存储
    B. 只能链式存储
    C. 可以顺序存储也可以链式存储
    D. 任何存储方式

55. 下列叙述中正确的是_____。
    A. 所有数据结构必须有根节点
    B. 所有数据结构必须有终端节点(叶子节点)
    C. 只有一个根节点,且只有一个叶子节点的数据结构一定是线性结构
    D. 没有根节点或没有叶子节点的数据结构一定是非线性结构

56. 下列叙述中正确的是_____。
    A. 线性表的链式存储结构与顺序存储结构所需要的存储空间是相同的
    B. 线性表的链式存储结构所需要的存储空间一般要多于顺序存储结构
    C. 线性表的链式存储结构所需要的存储空间一般要少于顺序存储结构
    D. 线性表的链式存储结构与顺序存储结构在存储空间的需求上没有可比性

57. 在线性表的顺序存储结构中,其存储空间连续,各个元素所占的字节数_____。
    A. 相同,元素的存储顺序与逻辑顺序一致
    B. 相同,但元素的存储顺序可以与逻辑顺序不一致
    C. 不同,但元素的存储顺序与逻辑顺序一致
    D. 不同,且元素的存储顺序可以与逻辑顺序不一致

58. 下列叙述中正确的是_____。
    A. 栈是一种先进先出的线性表
    B. 队列是一种后进先出的线性表
    C. 栈与队列都是非线性结构
    D. 以上 3 种说法都不对

59. 设有栈 S 和队列 Q,初始状态均为空。首先依次将 A,B,C,D,E,F 进栈,然后从栈中出栈 3 个元素依次进队,再将 X,Y,Z 进栈,将栈中所有元素出栈并依次进队,最后将队列中所有元素出队,则出队元素的顺序为_____。
    A. DEFXYZABC　　B. FEDZYXCBA　　C. FEDXYZCBA　　D. DEFZYXABC

60. 下列叙述中正确的是_____。
    A. 循环队列是顺序存储结构
    B. 循环队列是链式存储结构
    C. 循环队列是非线性结构
    D. 循环队列的插入运算不会发生溢出现象

61. 设循环队列为 Q(1:m),初始状态为 front＝rear＝m。经过一系列进队与出队运算后,front＝30,rear＝10。现要在该循环队列中进行顺序查找,最坏情况下需要比较的次数为_____。
    A. 19　　　　　　B. 20　　　　　　C. $m-19$　　　　D. $m-20$

62. 线性表的链式存储结构与顺序存储结构相比,链式存储结构的优点有_____。
    A. 节省存储空间
    B. 插入与删除运算效率高
    C. 便于查找
    D. 排序时减少元素的比较次数

63. 下列叙述中正确的是_____。
    A. 有两个指针域的链表称为二叉链表
    B. 循环链表是循环队列的链式存储结构
    C. 链栈有栈顶指针和栈底指针,因此又称为双重链表
    D. 节点中具有多个指针域的链表称为多重链表

64. 下列叙述中正确的是_____。

A. 节点中具有两个指针域的链表一定是二叉链表

B. 节点中具有两个指针域的链表可以是线性结构,也可以是非线性结构

C. 二叉树只能采用链式存储结构

D. 循环链表是非线性结构

65. 某二叉树共有 845 个节点,其中叶子节点有 45 个,则度为 1 的节点数为_____。

    A. 400   B.754   C.756   D. 不确定

66. 某二叉树共有 7 个节点,其中叶子节点只有 1 个,则该二叉树的深度(假设根节点在第一层)为_____。

    A. 3   B. 4   C. 6   D. 7

67. 某二叉树中有 15 个度为 1 的节点,16 个度为 2 的节点,则该二叉树中总节点数为_____。

    A. 32   B. 46   C. 48   D. 49

68. 深度为 7 的完全二叉树中共有 125 个节点,则该完全二叉树中的叶子节点数为_____。

    A. 62   B. 63   C. 64   D. 65

69. 某二叉树中共有 935 个节点,其中叶子节点有 435 个,则该二叉树中度为 2 的节点个数为_____。

    A. 64   B. 66   C. 436   D. 434

70. 深度为 5 的完全二叉树的节点数不可能是_____。

    A. 15   B. 16   C. 17   D. 18

71. 一棵完全二叉树共有 360 个节点,则在该二叉树中度为 1 的节点个数为_____。

    A. 0   B. 1   C. 180   D. 181

72. 设某二叉树的前序遍历为 ABC,中序遍历为 CBA,则该二叉树的后序遍历为_____。

    A. BCA   B. CBA   C. ABC   D. CAB

73. 某二叉树的前序遍历为 ABCD,中序遍历为 DCBA,则后序遍历为_____。

    A. BADC   B. DCBA   C. CDAB   D. ABCD

74. 设二叉树如图 3.50 所示,则后序遍历为_____。

    A. ABDEGCFH   B. DBGEAFHC   C. DGEBHFCA   D. ABCDEFGH

75. 设二叉树如图 3.50 所示,则中序遍历为_____。

    A. ABDEGCFH   B. DBGEAFHC   C. DGEBHFCA   D. ABCDEFGH

76. 设二叉树如图 3.50 所示,则前序遍历为_____。

    A. ABDEGCFH   B. DBGEAFHC   C. DGEBHFCA   D. ABCDEFGH

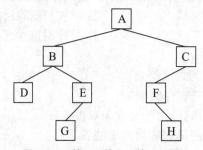

图 3.50 第 74、第 75、第 76 题图

77. 设某二叉树的后序遍历与中序遍历均为 ABCDEFGH,则该二叉树的前序遍历为
_____。

    A. HGFEDCBA   B. ABCDEFGH   C. EFGHABCD   D. DCBAHGFE

78. 下列叙述中正确的是_____。

    A. 所谓有序表是指在顺序存储空间内连续存放的元素序列

    B. 有序表只能顺序存储在连续的存储空间内

    C. 有序表可以用链式存储方式存储在不连续的存储空间内

    D. 任何存储方式的有序表均能采用二分法进行查找

二、思考题

1. 数据的逻辑结构和数据的存储结构的区别是什么?

2. 如何理解数据的线性逻辑结构和非线性逻辑结构?

3. 简述顺序存储和链式存储对插入和删除操作效率的影响。

4. 请各举一例说明栈和队列的应用。

5. 请举一例说明二叉树的应用。

习题参考答案

一、选择题

1. B	2. D	3. D	4. B	5. C	6. D	7. D	8. B	9. B	10. C
11. A	12. D	13. B	14. C	15. C	16. A	17. C	18. B	19. C	20. B
21. C	22. C	23. C	24. C	25. A	26. D	27. B	28. D	29. D	30. A
31. D	32. D	33. D	34. A	35. C	36. C	37. A	38. C	39. A	40. B
41. B	42. B	43. C	44. A	45. B	46. D	47. A	48. B	49. C	50. B
51. D	52. C	53. C	54. A	55. D	56. B	57. A	58. B	59. B	60. A
61. D	62. B	63. D	64. B	65. C	66. D	67. C	68. B	69. B	70. A
71. B	72. B	73. B	74. C	75. B	76. A	77. A	78. C		

二、思考题

    (略)

第4章 数据的组织和管理

4.1 数据库的基本概念

4.1.1 数据库系统的基本概念

数据库技术是一门研究数据管理的技术,是计算机科学的一个重要分支。随着网络技术、多媒体技术的不断发展,数据库技术在各个领域得到广泛应用。计算机数据管理技术发展至今主要经历了3个阶段:人工管理阶段、文件系统阶段和数据库系统阶段。下面介绍几个数据库系统的基本概念。

1. 数据

数据(data)是描述事物的符号记录。计算机中的数据包括数字、字母、文字、声音、图形、图像、音频和视频等。数据具有一定的结构,包含类型和值两个属性,数据的类型表示了数据的性质和特征,数据的值表示了数据具体的量度。例如,整型数据"128"、字符型数据"计算机等级考试"等。

2. 数据库

数据库(database,DB)是存储在计算机存储设备中的结构化的相关数据的集合。数据库长期存储在计算机内,其数据的集合是有组织的、可共享的。数据库中的数据按一定的数据模型组织、描述和存储,具有较小的冗余度、较高的数据独立性和易扩展性,可被各种用户共享。

3. 数据库管理系统

数据库管理系统(database management system,DBMS)是位于用户和操作系统之间,负责数据库的建立、使用、维护和管理的系统软件,是数据库系统的核心。

(1)数据库管理系统的功能。

①数据模式定义。数据库管理系统负责为数据库构建数据模式。

②数据存取的物理构建。数据库管理系统负责为数据模式的物理存取及构建提供有效的存储方法和手段。

③数据操纵。数据库管理系统负责支持用户使用数据库中的数据。

④数据的完整性、安全性定义与检查。数据库管理系统负责检查和维护数据整体意义上的关联性和一致性,以保证数据的正确,负责检查和维护数据共享时的安全性。

⑤数据库的并发控制与故障恢复。多个应用程序对数据库进行并发操作时,数据库管理

系统负责控制和管理,以保证数据不受到破坏。

⑥数据的服务。数据库管理系统提供数据库中数据的多种服务功能,如数据备份、转存、重组、性能监测和分析等。

(2)数据语言。

为完成数据库的基本功能,数据库管理系统提供了相应的数据语言。

①数据定义语言(data definition language,DDL)。数据定义语言负责数据的模式定义与数据的物理存取构建。

②数据操纵语言(data manipulation language,DML)。数据操纵语言负责数据的操纵,包括查询、增加、删除和修改等操作。

③数据控制语言(data control language,DCL)。数据控制语言主要负责数据完整性、安全性的定义与检查及并发控制、故障恢复等功能。

目前流行的数据库管理系统有 MySQL,Oracle,Sybase,SQL Server 等。

4. 数据库管理员

数据库管理员(database administrator,DBA)是负责管理数据库的规划、设计、维护和监视等的专门技术人员。

5. 数据库系统

数据库系统(database system,DBS)由数据库、数据库管理系统、数据库管理员、硬件平台和软件平台等构成,是以数据库管理系统为核心的完整的运行实体。其中,硬件平台包括计算机和网络;软件平台包括操作系统(如 Windows,Unix 等)、系统开发工具(如 C++,Visual Basic 等),以及接口软件(如开放式数据库互连、Java 数据库互连等)。

6. 数据库应用系统

数据库应用系统(database application system,DBAS)是在数据库系统的基础上进行应用开发而形成的一个应用系统,它由数据库系统、应用软件和应用界面组成。

4.1.2 数据库系统的基本特点

1. 数据的集成性

数据库系统采用统一的数据结构将一个系统中各种应用程序所需要的数据集中起来,统一规划、设计和管理,形成面向全局的数据体系。

2. 数据的高共享性与低冗余性

数据的集成性使得数据可以为多个应用程序所共享,数据的共享自身又可以减少数据的冗余性,不仅减少了不必要的存储空间,还可以避免数据的不一致性。

3. 数据的独立性

数据的独立性是指数据与应用程序互不依赖,即数据的逻辑结构、存储结构与存取方式的改变不会影响应用程序。数据的独立性一般分为逻辑独立性和物理独立性两级。其中,逻辑独立性是指数据库的总体逻辑结构的改变,如改变数据模型、增加新的数据结构、修改数据间的联系等,不需要修改应用程序;物理独立性是指数据的物理结构的改变,包括存储结构的改变、存储设备的更换、存取方式的改变等,不会影响数据库的逻辑结构,也不会引起应用程序的改动。

4. 数据统一管理与控制

数据库系统为数据库提供了统一的管理手段,主要包括数据的完整性检查、安全性保护、并发访问控制等。

4.1.3 数据库系统的内部结构体系

美国国家标准研究所(American National Standards Institute,ANSI)提出了一个数据库系统的三级结构体系,即将数据库系统结构分为概念模式、外模式和内模式三级。为了实现各个模式之间的联系和转换,数据库系统建立了两级映射,即外模式到概念模式的映射、概念模式到内模式的映射。具有三级模式及两级映射的数据库系统的结构体系如图 4.1 所示。

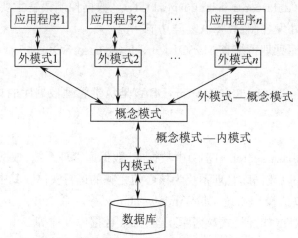

图 4.1 数据库的三级模式及两级映射结构

1. 数据库系统的三级模式

(1)概念模式(模式或逻辑模式)。

概念模式是对数据库系统中全部数据的逻辑结构和特征的描述,是所有用户的公共数据视图。该模式主要描述数据的概念记录类型及它们之间的关系。一个数据库只能有一个概念模式。

(2)外模式(用户模式或子模式)。

外模式是用户所能见到的局部数据的逻辑结构和特征描述。一个概念模式可以有若干个外模式供多个用户或多个应用程序使用,但是一个应用程序只能使用一个外模式。

(3)内模式(物理模式)。

内模式是数据库中数据的物理存储结构与物理存取方法的描述。一个数据库只能有一个内模式。

模式的三个级别层次反映了模式的三个不同环境及它们的不同要求,其中内模式处于最底层,它反映了数据在计算机物理结构中的实际存储形式,概念模式处于中层,它反映了设计者的数据全局逻辑要求,而外模式处于最外层,它反映了用户对数据的要求。

2. 数据库系统的两级映射

数据库系统在三级模式之间提供了两级映射。

（1）外模式到概念模式的映射。

概念模式是全局模式，而外模式是用户的局部模式。对于每一个外模式，数据库系统都建立一个外模式到概念模式的映射，该映射定义了外模式与概念模式之间的对应关系。假若数据库的概念模式发生了改变，则只需改变外模式到概念模式的映射，而不必对外模式和应用程序进行修改，这就保证了数据库数据的逻辑独立性。

（2）概念模式到内模式的映射。

在数据库系统中，概念模式与内模式具有唯一的对应和映射，该映射定义了概念模式中数据的全局逻辑结构到内模式中数据的物理存储结构间的对应关系。假若数据库的内模式发生改变，则只需改变概念模式到内模式的映射，而不必对概念模式进行修改，这就保证了数据库数据的物理独立性。

4.2　关 系 模 型

4.2.1　经典的数据逻辑模型——关系模型

1. 数据的逻辑模型

利用数据库技术进行数据处理时，应该将要处理的数据进行组织，通过抽象建立数据的逻辑模型，使数据可以在数据库中进行表示。目前数据库逻辑模型有层次模型、网状模型和关系模型 3 种，其中被广泛使用的是关系模型。

（1）层次模型。

用树形结构来表示实体及其之间联系的模型称为层次模型。图 4.2 给出了某大学组织机构的层次模型示例，即一个大学可以设立多个学院、处等，一个学院可以包括多个系等，一个处可以包括多个科等，这些实体和关系构成了一个层次模型。

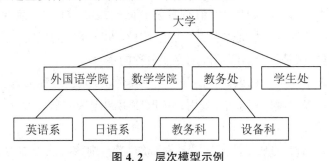

图 4.2　层次模型示例

（2）网状模型。

用网状结构来表示实体及其之间联系的模型称为网状模型。网状模型可以直接表示实体间的各种联系，包括多对多的复杂联系。但是，在设计和使用基于网状模型的数据库系统时，涉及许多系统内部的物理因素，给用户操作造成了很多不便。某学院、教师、学生、课程的网状模型如图4.3所示。

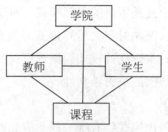

图 4.3　网状模型示例

(3)关系模型。

关系模型是目前最常用的数据模型之一,采用二维表来表示数据及关系的逻辑结构。二维表由表框架及表的元组组成。表框架由 n 个命名的属性组成,表框架对应了关系的模式。表4.1所示的学生信息表就是利用一张二维表将各个实体数据及其之间的联系进行了组织和描述,这种数据的逻辑结构就属于关系模型,这张二维表就可以称为一个关系。关系和关系之间可以根据需要建立联系,以解决层次模型或网状模型中复杂的不易处理的数据。

表 4.1　学生信息表

学号	姓名	性别	专业
20184001	李明	男	计算机应用
20184102	赵小海	男	生物科学
20184218	王新	女	国际经济法
…	…	…	…

2. 关系模型的相关概念

①属性。在二维表中,每一列称为一个属性。表4.1学生信息表中的学号、姓名、性别、专业4个属性组成了表框架。

②元组。在二维表中,数据按行组织,每一行称为一个元组。表4.1学生信息表中包含了多个元组。

③域。在二维表中,每个属性的取值范围是有限定或要求的,属性的取值范围称为域。表4.1学生信息表中的性别只能是"男"或"女"。因此,性别属性的域就是集合{男,女}。相似地,专业属性的域也应该是符合实际情况的专业名称的集合。

④键。在关系表中能唯一标识元组的最小属性集称为键,也可称为码。

⑤主键。在关系表中可以有多个键,用户选取使用的键为主键。表4.1学生信息表中的学号属性集就是主键。

⑥外键。关系表 A 中的某属性集是关系表 B 的主键,则该属性集称为关系表 A 的外键。

关系表之间可由主键和外键建立联系。如表4.1、表4.2和表4.3所示,通过学号和课程号可以建立选课表与学生信息表、选课表与课程表之间的联系。学号和课程号的集合是选课表的主键。当表之间建立联系时,学生信息表中的学号的集合就是外键,课程表中的课程号的集合也是外键。

课程号	课程名称	学时	学分
1023	艺术概念	30	2
1001	法律基础	30	2
1145	多媒体技术	30	2
…	…	…	…

表 4.2　课程表

学号	课程号	成绩
20184001	1023	95
20184102	1001	86
20184218	1145	90
…	…	…

表 4.3　选课表

3. 二维表的性质

一个关系就是一张二维表,建立或使用二维表,要充分认识它的 7 个性质。

①元组个数有限性,即二维表中元组的个数是有限的。

②元组唯一性,即二维表中的元组是互异的、不相重复的。

③元组次序无关性,即二维表中元组的顺序是任意的。

④元组分量原子性,即二维表中组成元组的各个数据项是不可分割的。

⑤属性名称唯一性,即二维表中各属性名称互不相同。

⑥属性次序无关性,即二维表中各属性的顺序是任意的。

⑦分量值域同一性,即某数据项的取值在该属性取值范围之内。

4. 关系模型的数据操作

关系模型的数据操作是建立在关系上的数据操纵,主要包括以下 4 种。

①数据查询。在指定的一个或几个关系中,查找满足用户要求的数据内容的操作。

②数据删除。在指定的关系中,删除一个或几个元组的操作。

③数据插入。在指定的关系中,插入一个或几个元组的操作。

④数据修改。在指定的关系中,修改某个或某些元组与属性的操作。

5. 关系模型中的数据约束

关系模型提供了 3 种数据约束供用户定义和使用,对数据的操作实施预防和保护,以保证数据的正确性。

①实体完整性约束。要求关系中元组的主键属性值不能为空,且必须保证是唯一的。

②参照完整性约束。要求一个关系不能引用另一个关系中根本不存在的元组。

③用户定义的完整性约束。用户根据需要,利用关系数据库系统提供的完整性约束语言写出约束条件。

4.2.2　关系模型的运算

关系代数的运算可分为两类:传统的集合运算和专门的关系运算。

(1)传统的集合运算。

传统的集合运算主要包括并、交、差、笛卡儿积和除。这类运算将关系看成元组的集合,其运算是以关系的行为单位进行的。下面以两个结构相同的关系 R 和关系 S 为例,描述有关的集合运算。关系 R 和关系 S 分别如表 4.4 和表 4.5 所示。

表 4.4 关系 R		
X	Y	Z
X1	Y1	Z1
X2	Y2	Z2

表 4.5 关系 S		
X	Y	Z
X2	Y2	Z2
X3	Y3	Z3

①并运算(∪)。并运算指从结构相同的关系中取出不重复的所有元组。例如,对 R 和 S 的并运算 R∪S 的结果如表 4.6 所示。

表 4.6 并运算结果

X	Y	Z
X1	Y1	Z1
X2	Y2	Z2
X3	Y3	Z3

②交运算(∩)。交运算指从结构相同的关系中取出既属于第一个关系又属于第二个关系的所有元组。例如,对 R 和 S 的交运算 R∩S 的结果如表 4.7 所示。

③差运算(一)。差运算指从结构相同的关系中取出属于第一个关系而不属于第二个关系的所有元组。例如,对 R 和 S 的差运算 R−S 的结果如表 4.8 所示。

表 4.7 交运算结果		
X	Y	Z
X2	Y2	Z2

表 4.8 差运算结果		
X	Y	Z
X1	Y1	Z1

④笛卡儿积(×)。设有 n 元关系 R 和 m 元关系 S,它们分别有 p 和 q 个元组,则 R 与 S 的笛卡儿积记为 R×S,它是一个 $m+n$ 元关系,元组个数是 $p×q$。例如,对表 4.4 关系 R 和表 4.5 关系 S 的笛卡儿积 R×S 的结果如表 4.9 所示。

表 4.9 笛卡儿积结果

R×X	R×Y	R×Z	S×X	S×Y	S×Z
X1	Y1	Z1	X2	Y2	Z2
X1	Y1	Z1	X3	Y3	Z3
X2	Y2	Z2	X2	Y2	Z2
X2	Y2	Z2	X3	Y3	Z3

自然连接是笛卡儿积的一种特殊形式,它要求两个关系中进行比较的属性的属性名和属性值相同,并且在连接结果中把重复的属性列去掉。例如,对表 4.4 关系 R 和表 4.5 关系 S 进行自然连接,比较是否相同的属性是 X,则运算结果如表 4.10 所示。

表 4.10 自然连接结果

X	Y	Z
X2	Y2	Z2

⑤除(/)。设有 n 元关系 R 和 m 元关系 S,它们的联系关系是 RS,则 RS/S 的运算结果是在 RS 中包含 S 所有值的属于 R 的值子集。例如,对表 4.11 关系 R、表 4.12 关系 S 和表 4.13 它们之间的联系关系 RS 进行 RS/S 的运算,则运算结果如表 4.14 所示。

表 4.11　关系 R

X	Y	Z
X1	Y1	Z1
X2	Y2	Z2
X3	Y3	Z3

表 4.12　关系 S

A	B	C
A1	B1	C1
A2	B2	C2
A3	B3	C3

表 4.13　联系关系 RS

X	A
X1	A3
X2	A1
X3	A2
X1	A1
X2	A2
X1	A2
X2	A3

表 4.14　RS/S 运算结果

X
X1
X2

(2)专门的关系运算。

专门的关系运算主要包括选择、投影和连接 3 种。

①选择(select)。选择运算是指从关系中找出满足给定条件的元组形成新的关系的操作。例如,在学生信息表中选择性别为"男"的学生,得到新的关系如表 4.15 所示。选择运算的记号为 $\sigma_F(R)$,其中 σ 是选择运算符,下标 F 是一个条件表达式,R 是被操作的表。所以,上例也可以表达为 $\sigma_{性别 = "男"}$(学生信息表)。

表 4.15　选择运算结果

学号	姓名	性别	专业
20184001	李明	男	计算机应用
20184102	赵小海	男	生物科学
...	...	...	...

②投影(project)。投影运算是指从关系中选取若干个属性形成新的关系的操作。例如,对学生信息表中的"学号"和"专业"属性进行投影运算,得到新的关系如表 4.16 所示。投影运算的记号为 $\Pi_A(R)$,其中 Π 是投影运算符,下标 A 是被操作表的属性名表(列名表),R 是被操作的表。所以,上例也可以表达为 $\Pi_{学号,专业}$(学生信息表)。

表 4.16　投影运算结果

学号	专业
20184001	计算机应用
20184102	生物科学
20184218	国际经济法
...	...

③连接(join)。连接运算是指将两个关系的若干属性拼接成一个新的关系模式的操作,对应新的关系中包含满足条件的所有元组。连接运算有两种最为重要也最为常用的连接,即等值连接和自然连接。

等值连接是从关系 R 和关系 S 的笛卡儿积中选取 A,B 属性值相等的元组,记为 $R \underset{A=B}{\bowtie} S$。

自然连接是一种特殊的等值连接,它要求两个连接的关系中,进行等值比较的两个属性必须是意义相同的属性,并且在连接的结果中将其中的一个重复属性去掉,仅保留一个属性,记为 $R \bowtie S$。例如,把学生信息表和选课表按学号相等连接,把选课表和课程表按课程号相等连接,形成新的关系,其中新的关系中包含学号、姓名、课程名称、成绩属性,得到新的关系如表 4.17 所示。

表 4.17 连接运算结果

学号	姓名	课程名称	成绩
20184001	李明	艺术概念	95
20184102	赵小海	法律基础	86
20184218	王新	多媒体技术	90
...	...	...	...

4.3 E-R 模型与数据库的设计

4.3.1 E-R 模型

1. E-R 模型的基本概念

利用计算机处理客观世界的具体事物之前,必须首先对这些具体事物的特征和事物之间的联系进行描述,将它们的结构及内部关系进行抽象。在这个过程中,使用最广泛的方法就是建立 E-R 模型,即实体-联系模型。该模型将客观世界的要求描述成实体、属性、联系等基本构件及各基本构件之间的联系,并采用图的形式直接表示出来。下面介绍 E-R 模型的基本概念。

(1)实体。

实体是客观存在且可以相互区别的事物。实体可以是有形的对象,如一个人、一台计算机等,也可以是无形的对象,如一场比赛、一次考试等。

具有共同性质的同类实体组成的集合称为实体集,如教师集、城市集等。

(2)属性。

实体所固有的特征和特性称为属性。一个实体可以有若干个属性,如学生实体可以用学号、姓名、性别、出生日期等属性描述。每个属性都可以有值,如某名学生的各属性值可描述为:180101、王红、女、2000-08-05。

(3)联系。

实体之间的对应关系称为实体间的联系,具体是指一个实体集中可能出现的每一个实体与另一个实体集中多少个具体实体之间存在联系,实体之间的联系可分为 3 类。

①一对一联系(1∶1)。如果实体集 A 中的每一个实体只与实体集 B 中的一个实体相联系,反之亦然,则称实体集 A 和实体集 B 之间是一对一联系。例如,班级和正班长之间的联系,一个班级只能有一个正班长,一个正班长只能属于一个班级。

②一对多联系(1∶n)。如果实体集 A 中的每一个实体,在实体集 B 中都有多个实体与之对应;实体集 B 中的每一个实体,在实体集 A 中只有一个实体与之对应,则称实体集 A 和实体集 B 之间是一对多联系。例如,学校和学生之间的联系,一所学校有许多学生,一个学生只能就读于一所学校。

③多对多联系(m∶n)。如果实体集 A 中的每一个实体,在实体集 B 中都有多个实体与之对应,反之亦然,则称实体集 A 和实体集 B 之间是多对多联系。例如,学生和课程之间的联系,一名学生可以选修多门课程,一门课程可以被多名学生选修。特别注意的是,对于多对多联系,需要建立实体与实体之间的"联系",该联系能够将多对多联系转换为一对多和多对一的两个联系。例如,为了转换学生和课程的多对多联系,需要设计"选课"这个联系,使学生和选课之间是一对多联系,选课和课程之间是多对一联系。

2. E-R 模型的图形表示法

E-R 模型可以由 E-R 图的方式直观地表示出来,具体方法如下。

①实体集的表示。实体集用矩形表示,矩形框内标注上实体集的名称。

②属性的表示。实体属性用椭圆表示,椭圆内标注上属性的名称,用无向线段将属性和其所对应的实体集连接。

③联系的表示。实体集之间的联系用菱形表示,菱形框内标注上联系的名称,用无向线段将构成联系的各个实体连接,并在连线上标注联系的类型,用无向线段将联系和其属性连接。

【例1】 建立学生选课的数据模型,并用 E-R 图表示出来。

【解】 学生选课的数据模型包括学生和课程两个实体集。学生包括学号、姓名、性别、专业等属性,课程包括课程号、课程名称、学时、学分等属性。学生和课程两个实体集通过选课相互联系。根据 E-R 图的表示方法,建立的数据模型如图 4.4 所示。

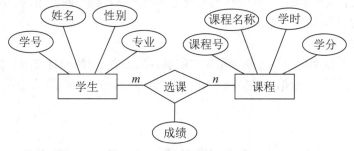

图 4.4 学生选课的数据模型

4.3.2 数据库设计

数据库设计是以对用户的需求分析为基础的,数据字典是分析阶段的主要成果,它是对系统数据的详尽描述。

1. 概念设计

概念设计是通过分析现实数据间内在的语义关联和结构,利用抽象的方法,建立一个数据抽象模型的过程。

概念设计通常是将一个整体系统分解成若干部分,首先对各个部分进行模型设计,建立局部模型,然后再将各局部模型进行集成,最后形成一个完整系统的全局数据模型。具体地讲,就是先进行局部 E-R 图的设计,然后再进行全局 E-R 图的集成和设计。在局部模型集成的过程中,重点是要消除局部设计中的各种冲突,如结构冲突、属性冲突、命名冲突、概念冲突、域冲突、约束冲突等。

2. 逻辑设计

数据库逻辑设计的主要任务是将 E-R 图转换成数据库管理系统产品所支持的数据逻辑模型。下面主要介绍将 E-R 图转换为关系模型的方法,具体步骤如下。

①将 E-R 模型中的实体转换为关系模式中的元组,将实体集转换为关系。

②将 E-R 模型中各实体的属性转换为关系的各个属性。

③将 E-R 模型中联系也转换为关系,该关系中包括相关联实体的关键属性。

【例 2】 将学生选课的 E-R 图转换成关系模型。

【解】 根据将 E-R 图转换为关系模型的方法,可将学生、课程、选课分别转换为关系,具体转换为如下的 3 个关系:

学生(学号、姓名、性别、专业)。

课程(课程号、课程名称、学时、学分)。

选课(学号、课程号、成绩)。

3. 物理设计

物理设计是对数据库内部物理结构进行调整,选择合理的存取路径,以提高数据库访问速度,有效利用存储空间。

(1)确定数据的存储策略。

科学合理地存储数据,建立索引机制,可以极大地提高系统的运行性能。例如,根据数据的使用频度,将数据进行分级存储和管理,或者将数据进行分布式存储和管理。

(2)存储数据的选择。

数据库应用系统是多用户共享的,为了满足不同用户对数据的使用,就要建立访问数据的多条路径,以保证不同的应用要求。

(3)系统配置。

通常情况下,系统都配置了达到应用要求的参数的缺省值,如同时使用数据库的用户个数、缓冲区的长度和个数等。根据具体应用要求,可以重新配置各参数的值,以提高系统的性能。

4.4 **数据库设计的解决方案案例**

4.4.1 问题的提出

假设为某公司开发销售数据库,数据库涉及客户、商品和订单信息等。为了数据库中数据的正确性,需要设计基本数据的实体完整性、参照完整性与自定义完整性(有效性规则)等。

4.4.2 数据库设计的解决方案

1. 利用抽象建模的方法构造 E-R 模型

以销售系统的 E-R 图为例(见图 4.5),E-R 图中包含客户实体集和商品实体集。客户号是客户实体集的主键属性,商品号是商品实体集的主键属性。客户与商品之间建立"订单"联系,图 4.5 中的 n 和 m 表示多对多联系。"订单"联系除了具有客户号与商品号两个属性外,还具有订单号与数量属性。因为考虑到客户可以重复订购相同的商品,所以新增订单号属性作为"订单"联系的主键属性。

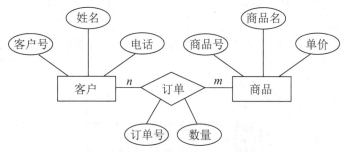

图 4.5 销售系统的 E-R 图

2. 利用转换的方法构造逻辑模型

将 E-R 图中的客户实体集转换为关系:客户(客户号、姓名、电话),其中客户号属性是主键,如图 4.6 所示。

将 E-R 图中的商品实体集转换为关系:商品(商品号、商品名、单价),其中商品号是主键,如图 4.7 所示。

将 E-R 图中的订单联系转换为关系:订单(订单号、客户号、商品号、数量),其中订单号是主键,客户号和商品号是两个外键,如图 4.8 所示。

商品号	商品名	单价
101	IBM 全内置	39888
102	索尼 GRX6001	21888
103	康柏Evo N1020	22888
104	全新精英移动PC	6888
105	宏基 TravelMate	13900
106	WINBOOK海王星	12000
201	三星128	2000
202	三星CDMA SCH-X1	4300
203	西门子8008	2560
204	阿尔卡特OT715	2200
205	飞利浦826	2800
206	诺基亚8855	2900
207	摩托罗拉T720	3050
208	爱立信T68	2560

客户号	姓名	电话
C1	郑小妹	13622225555
C2	陈刚	13233333333
C3	李丽华	13544553333
C4	钱桦	13855555555
C5	吴东升	13956565656
C6	赵萍	13388866655
C7	周大林	13799998888

订单号	客户号	商品号	数量
001	C1	101	2
002	C1	106	1
003	C1	203	1
004	C2	106	2
005	C2	203	1
006	C2	101	1
007	C4	106	2
008	C4	201	2
009	C3	106	2

图 4.6 客户关系 　　　　图 4.7 商品关系 　　　　图 4.8 订单关系

3. 利用数据保护和优化策略进行物理设计

为保护各关系的实体完整性,对客户关系的客户号、商品关系的商品号和订单关系的订单号创建主索引(主键)。

为保护订单与客户之间的参照正确性,对订单关系的客户号属性创建普通索引(外键),并以客户号作为连接属性建立客户关系与订单关系之间的永久联系,如图 4.9 所示。

为保护订单与商品之间的参照正确性,对订单关系的商品号属性创建普通索引(外键),并以商品号作为连接属性建立商品关系与订单关系之间的永久联系,如图 4.9 所示。

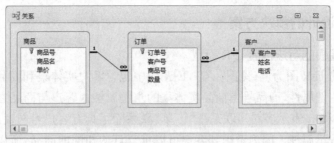

图 4.9　永久联系

因为考虑到经常需要按照姓名、电话和商品名查询信息,所以为这 3 个属性创建普通索引,以提高查询检索速度。

最后添加有效性设置,限制单价属性和数量属性,设置其域范围(有效性规则)为"大于 0"。

习　题　四

一、选择题

1. 数据库管理系统是_____。
　 A. 操作系统的一部分　　　　　　　　B. 在操作系统支持下的系统软件
　 C. 一种编译系统　　　　　　　　　　D. 一种操作系统

2. 在数据库管理系统提供的数据语言中,负责数据模式定义的是_____。
　 A. 数据定义语言　　　　　　　　　　B. 数据管理语言
　 C. 数据操纵语言　　　　　　　　　　D. 数据控制语言

3. 在数据库管理系统提供的数据语言中,负责数据的查询、增加、删除和修改等操作的是
　 _____。
　 A. 数据定义语言　　　　　　　　　　B. 数据管理语言
　 C. 数据操纵语言　　　　　　　　　　D. 数据控制语言

4. 负责数据库中查询操作的数据库语言是_____。
　 A. 数据定义语言　　　　　　　　　　B. 数据管理语言
　 C. 数据操纵语言　　　　　　　　　　D. 数据控制语言

5. 在数据管理的 3 个发展阶段中,数据的共享性好且冗余度最小的是_____。
　 A. 人工管理阶段　　　　　　　　　　B. 文件系统阶段
　 C. 数据库系统阶段　　　　　　　　　D. 面向数据应用系统阶段

6. 数据库应用系统中的核心问题是_____。
　 A. 数据库设计　　　　　　　　　　　B. 数据库系统设计
　 C. 数据库维护　　　　　　　　　　　D. 数据库管理员培训

7. 下列叙述中正确的是_____。
　 A. 数据库不需要操作系统的支持

B. 数据库设计是指设计数据库管理系统

C. 数据库是存储在计算机存储设备中的结构化的相关数据的集合

D. 数据库系统中,数据的物理结构必须与逻辑结构一致

8. 下列描述中不属于数据库系统特点的是_____。

　　A. 数据共享　　　　　　　　　　　　B. 数据完整性

　　C. 数据冗余度高　　　　　　　　　　D. 数据独立性高

9. 数据库系统的三级模式不包括_____。

　　A. 概念模式　　　　B. 内模式　　　　C. 外模式　　　　　D. 数据模式

10. 在下列模式中,能够给出数据库物理存储结构与物理存取方法的是_____。

　　A. 概念模式　　　　B. 内模式　　　　C. 外模式　　　　　D. 逻辑模式

11. 数据库设计中反映用户对数据要求的模式是_____。

　　A. 概念模式　　　　B. 内模式　　　　C. 外模式　　　　　D. 设计模式

12. 在数据库系统中,用于对客观世界中复杂事物的结构及它们之间的联系进行描述的是_____。

　　A. 概念数据模型　　　　　　　　　　B. 逻辑数据模型

　　C. 物理数据模型　　　　　　　　　　D. 关系数据模型

13. 在数据库系统中,给出数据模型在计算机上物理结构表示的是_____。

　　A. 概念数据模型　　　　　　　　　　B. 逻辑数据模型

　　C. 物理数据模型　　　　　　　　　　D. 关系数据模型

14. 在数据库系统中,考虑数据库实现的数据模型是_____。

　　A. 概念数据模型　　　　　　　　　　B. 逻辑数据模型

　　C. 物理数据模型　　　　　　　　　　D. 关系数据模型

15. 在关系模型中,每一个二维表称为一个_____。

　　A. 关系　　　　　　B. 属性　　　　　C. 元组　　　　　　D. 主码(键)

16. 若实体集 A 和 B 是一对多联系,实体集 B 和 C 是一对一联系,则实体集 A 和 C 的联系是_____。

　　A. 一对一联系　　　　　　　　　　　B. 一对多联系

　　C. 多对一联系　　　　　　　　　　　D. 多对多联系

17. 公司中有多个部门和多名职员,每名职员只能属于一个部门,一个部门有多名职员,则部门和职员间的联系是_____。

　　A. 一对一联系　　B. 多对一联系　　C. 一对多联系　　　D. 多对多联系

18. 一名雇员就职于一家公司,一家公司有多名雇员,则公司和雇员之间的联系是_____。

　　A. 一对一联系　　B. 多对一联系　　C. 一对多联系　　　D. 多对多联系

19. 一间宿舍可住多名学生,则宿舍和学生之间的联系是_____。

　　A. 一对一联系　　B. 一对多联系　　C. 多对一联系　　　D. 多对多联系

20. 一个教师可讲授多门课程,一门课程可由多个教师讲授,则教师和课程间的联系是_____。

　　A. 一对一联系　　B. 多对一联系　　C. 一对多联系　　　D. 多对多联系

21. 一个工作人员可以使用多台计算机,而一台计算机可被多个工作人员使用,则工作人员与

计算机之间的联系是_____。

    A. 一对一联系   B. 一对多联系   C. 多对一联系   D. 多对多联系

22. 一个兴趣班可以招收多名学生,而一名学生可以参加多个兴趣班,则兴趣班和学生之间的联系是_____。

    A. 一对一联系   B. 多对一联系   C. 一对多联系   D. 多对多联系

23. 在关系数据库中,用来表示实体间联系的是_____。

    A. 属性   B. 二维表   C. 网状结构   D. 树状结构

24. 关系表中的每一横行称为一个_____。

    A. 字段   B. 元组   C. 行   D. 码

25. 关系数据模型_____。

    A. 只能表示实体间一对一联系

    B. 只能表示实体间一对多联系

    C. 可以表示实体间多对多联系

    D. 能表示实体间一对多联系而不能表示实体间多对一联系

26. 在 E-R 图中,用来表示实体联系的图形是_____。

    A. 椭圆形   B. 矩形   C. 菱形   D. 三角形

27. 将 E-R 图转换为关系模式时,实体和联系都可以表示为_____。

    A. 属性   B. 关系   C. 键   D. 域

28. 将 E-R 图转换为关系模式时,E-R 图中的属性可以表示为_____。

    A. 属性   B. 关系   C. 键   D. 域

29. 层次型、网状型和关系型数据库的划分原则是_____。

    A. 记录长度   B. 文件的大小

    C. 联系的复杂程度   D. 数据之间的联系方式

30. 在满足实体完整性约束的条件下,_____。

    A. 一个关系中应该有一个或多个候选主键

    B. 一个关系中只能有一个候选主键

    C. 一个关系中必须有多个候选主键

    D. 一个关系中可以没有候选主键

31. 设有关系表学生 S(学号、姓名、性别、年龄、身份证号),每个学生学号唯一。除学号属性外,也可以作为主键的是_____。

    A. 姓名   B. 身份证号   C. 姓名、性别、年龄   D. 学号、姓名

32. 关系 A(S, SN, D) 和 B(D, CN, NM) 中,A 的主键是 S,B 的主键是 D,则 D 是 A 的_____。

    A. 外键   B. 候选键   C. 主键   D. 元组

33. 有表示公司和职员及工作的三张表,职员可在多家公司兼职,其中公司表 C(公司号、公司名、地址、注册资本、法人代表、员工数),职员表 S(职员号、姓名、性别、年龄、学历),工作表 W(公司号、职员号、工资),则表 W 的主键为_____。

    A. 公司号、职员号   B. 职员号、工资

    C. 职员号   D. 公司号、职员号、工资

34. 设有一个商店的数据库,记录客户及其购物情况,由三个关系组成:商品(商品号、商品名、单价、商品类别、供应商),客户(客户号、姓名、地址、电邮、性别、身份证号),购买(客户号、商品号、购买数量),则购买关系的主键为_____。

    A. 客户号
    B. 商品号
    C. 客户号、商品号
    D. 客户号、商品号、购买数量

35. 设有表示学生选课的三张表,学生表 S(学号、姓名、性别、年龄、身份证号),课程表 C(课号、课名),选课表 SC(学号、课号、成绩),则表 SC 的主键为_____。

    A. 课号、成绩
    B. 学号、成绩
    C. 学号、课号
    D. 学号、姓名、成绩

36. 一般情况下,当对关系 R 和 S 进行自然连接时,要求 R 和 S 含有一个或多个共有的_____。

    A. 记录
    B. 行
    C. 属性
    D. 元组

37. 在数据库设计中,描述数据间内在语义联系得到 E-R 图的过程属于_____。

    A. 逻辑设计阶段
    B. 需求分析阶段
    C. 概念设计阶段
    D. 物理设计阶段

38. 优化数据库系统查询性能的索引设计属于数据库设计的_____。

    A. 逻辑设计
    B. 需求分析
    C. 概念设计
    D. 物理设计

39. 下列关于数据库设计的叙述中正确的是_____。

    A. 在需求分析阶段建立数据字典
    B. 在概念设计阶段建立数据字典
    C. 在逻辑设计阶段建立数据字典
    D. 在物理设计阶段建立数据字典

40. 数据库设计过程不包括_____。

    A. 逻辑设计
    B. 需求分析
    C. 概念设计
    D. 算法设计

41. 在数据库设计中,将 E-R 图转换成关系数据模型的过程属于_____。

    A. 逻辑设计阶段
    B. 需求分析阶段
    C. 概念设计阶段
    D. 物理设计阶段

42. 有关系 R 如图 4.10 所示,其中属性 B 为主键,则最后一个记录违反了_____。

    A. 实体完整性约束
    B. 参照完整性约束
    C. 用户自定义的完整性约束
    D. 关系完整性约束

B	C	D
a	0	k1
v	1	n1
	2	p1

图 4.10 第 42 题图

43. 有三个关系表 R,S 和 T 如图 4.11 所示,其中三个关系对应的主键分别为 A,B 和复合主键(A,B),则表 T 的记录项(b,q,4)违反了_____。

    A. 实体完整性约束
    B. 参照完整性约束
    C. 用户自定义的完整性约束
    D. 关系完整性约束

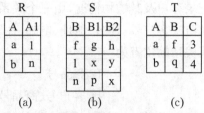

图 4.11　第 43 题图

44. 有三个关系 R,S 和 T 如图 4.12 所示,由关系 R 和 S 通过运算得到关系 T,则所使用的操作为_____。

   A. 并　　　　　　　B. 自然连接　　　　　　C. 笛卡儿积　　　　　　D. 差

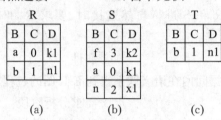

图 4.12　第 44 题图

45. 有三个关系 R,S 和 T 如图 4.13 所示,由关系 R 和 S 通过运算得到关系 T,则所使用的操作为_____。

   A. 并　　　　　　　B. 自然连接　　　　　　C. 差　　　　　　　　D. 交

图 4.13　第 45 题图

46. 有三个关系 R,S 和 T 如图 4.14 所示,由关系 R 和 S 通过运算得到关系 T,则所使用的操作为_____。

   A. 并　　　　　　　B. 自然连接　　　　　　C. 差　　　　　　　　D. 交

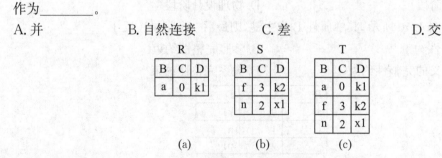

图 4.14　第 46 题图

47. 有三个关系 R,S 和 T 如图 4.15 所示,由关系 R 和 S 通过运算得到关系 T,则所使用的操作为_____。

   A. 并　　　　　　　B. 自然连接　　　　　　C. 笛卡儿积　　　　　　D. 交

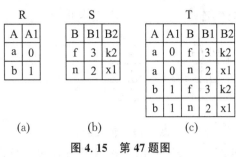

图 4.15　第 47 题图

48. 有三个关系 R,S 和 T 如图 4.16 所示,由关系 R 和 S 通过运算得到关系 T,则所使用的操作为_____。

   A. 并　　　　　　B. 自然连接　　　　　　C. 除　　　　　　　　D. 交

R

A	A1	B	B1
a	0	f	3
a	0	n	2
b	1	f	3
b	1	n	2

S

A	A1
a	0
b	1

T

B	B1
f	3
n	2

      (a)　　　　　　　　(b)　　　　　　(c)

图 4.16　第 48 题图

49. 有三个关系 R,S 和 T 如图 4.17 所示,由关系 R 和 S 通过运算得到关系 T,则所使用的操作为_____。

   A. 选择　　　　　　B. 投影　　　　　　　C. 并　　　　　　　　D. 交

R

A	B	C
a	1	2
b	2	1
c	3	1

S

A	B	C
d	3	2

T

A	B	C
a	1	2
b	2	1
c	3	1
d	3	2

      (a)　　　　　　　　(b)　　　　　　(c)

图 4.17　第 49 题图

50. 有两个关系 R,S 如图 4.18 所示,由关系 R 通过运算得到关系 S,则所使用的操作为_____。

   A. 选择　　　　　　B. 投影　　　　　　　C. 插入　　　　　　　D. 连接

R

A	B	C
a	1	2
b	2	1
c	3	1

S

A	B	C
b	2	1

      (a)　　　　　　　　(b)

图 4.18　第 50 题图

51. 有三个关系 R,S 和 T 如图 4.19 所示,由关系 R 和 S 通过运算得到关系 T,则所使用的操作为_____。

A. 并   B. 自然连接   C. 笛卡儿积   D. 交

R

A	B
m	1
n	2

(a)

S

B	C
1	3
3	5

(b)

T

A	B	C
m	1	3

(c)

图 4.19　第 51 题图

52.有三个关系 R,S 和 T 如图 4.20 所示,由关系 R 和 S 通过运算得到关系 T,则所使用的操作为_____。

A. 交   B. 自然连接   C. 投影   D. 并

R

A	B	C
a	1	2
b	2	1
c	3	1

(a)

S

A	D
c	4

(b)

T

A	B	C	D
c	3	1	4

(c)

图 4.20　第 52 题图

53.有三个关系 R,S 和 T 如图 4.21 所示,由关系 R 和 S 通过运算得到关系 T,则所使用的操作为_____。

A. 自然连接   B. 并   C. 交   D. 差

R

A	B	C
a	1	2
b	2	1
c	3	1

(a)

S

A	B	C
a	1	2
b	2	1

(b)

T

A	B	C
c	3	1

(c)

图 4.21　第 53 题图

54.有三个关系 R,S 和 T 如图 4.22 所示,由关系 R 和 S 通过运算得到关系 T,则所使用的操作为_____。

A. 自然连接   B. 并   C. 交   D. 投影

R

A	B	C
a	1	2
b	2	1
c	3	1

(a)

S

A	D
c	4
a	5

(b)

T

A	B	C	D
c	3	1	4
a	1	2	5

(c)

图 4.22　第 54 题图

55.有两个关系 R,S 如图 4.23 所示,由关系 R 通过运算得到关系 S,则所使用的操作为_____。

A. 选择   B. 投影   C. 自然连接   D. 并

图中 (a) R 关系表与 (b) S 关系表：

R

A	B	C
a	1	2
b	2	1
c	3	1

S

A	B	C
c	3	1

(a)　　　　　　(b)

图 4.23　第 55 题图

56. 有三个关系 R,S 和 T 如图 4.24 所示,由关系 R 和 S 通过运算得到关系 T,则所使用的操作为_____。

    A. 选择　　　　　　B. 投影　　　　　　C. 并　　　　　　D. 交

R

A	B	C
a	1	2
b	2	1
c	3	1

S

A	B	C
d	3	2
c	3	1

T

A	B	C
a	1	2
b	2	1
c	3	1
d	3	2

(a)　　　　　　(b)　　　　　　(c)

图 4.24　第 56 题图

57. 有三个关系 R,S 和 T 如图 4.25 所示,由关系 R 和 S 通过运算得到关系 T,则所使用的操作为_____。

    A. 选择　　　　　　B. 差　　　　　　C. 并　　　　　　D. 交

R

A	B	C
a	1	2
b	2	1
c	3	1

S

A	B	C
d	3	2
c	3	1

T

A	B	C
a	1	2
b	2	1

(a)　　　　　　(b)　　　　　　(c)

图 4.25　第 57 题图

58. 下列关于数据库系统的叙述中正确的是_____。

    A. 数据库系统中数据的一致性是指数据类型一致

    B. 数据库系统避免了一切冗余

    C. 数据库系统减少了数据冗余

    D. 数据库系统比文件系统能管理更多的数据

59. 当数据库中数据总体逻辑结构发生变化而应用程序不受影响,称为数据的_____。

    A. 逻辑独立性　　　　B. 物理独立性　　　　C. 应用独立性　　　　D. 空间独立性

60. 在数据库的三级模式结构中,描述数据库中全体数据的全局逻辑结构和特征的是_____。

    A. 内模式　　　　　B. 用户模式　　　　　C. 外模式　　　　　D. 概念模式

61. 逻辑模型是面向数据库系统的模型,下列属于逻辑模型的是_____。

    A. 关系模型　　　　B. 谓词模型　　　　　C. 物理模型　　　　D. 实体-联系模型

62. 在数据库系统中,数据模型包括概念模型、逻辑模型和_____。

A. 物理模型　　　　　B. 空间模型　　　　　C. 时间模型　　　　　D. 数据模型

63. 在数据库中,数据模型包括数据结构、数据操作和_____。

    A. 数据约束　　　　　B. 数据类型　　　　　C. 关系运算　　　　　D. 查询

64. 某个工厂有若干个仓库,每个仓库存放有不同的零件,相同零件可能放在不同的仓库中,则仓库和零件间的联系是_____。

    A. 多对多联系　　　B. 一对多联系　　　C. 多对一联系　　　　D. 一对一联系

65. 运动会中一个运动项目可以有多个运动员参加,一个运动员可以参加多个运动项目,则运动项目和运动员间的联系是_____。

    A. 多对多联系　　　B. 一对多联系　　　C. 多对一联系　　　　D. 一对一联系

66. 若实体集 A 和 B 是一对一联系,实体集 B 和 C 是多对一联系,则实体集 A 和 C 的联系是_____。

    A. 多对一联系　　　B. 一对多联系　　　C. 一对一联系　　　　D. 多对多联系

67. 一个运动队有多个队员,一个队员仅属于一个运动队,则运动队和队员间的联系是_____。

    A. 一对多联系　　　B. 一对一联系　　　C. 多对一联系　　　　D. 多对多联系

68. 一名演员可以出演多部电影,一部电影有多名演员参演,则演员和电影间的联系是_____。

    A. 多对多联系　　　B. 一对一联系　　　C. 多对一联系　　　　D. 一对多联系

69. 一个班级有多名学生,一名学生仅属于一个班级,则班级和学生间的联系是_____。

    A. 一对多联系　　　B. 一对一联系　　　C. 多对一联系　　　　D. 多对多联系

70. 医院里有不同的科室,每名医生分属不同的科室,则科室和医生间的联系是_____。

    A. 一对一联系　　　　　　　　　　　B. 一对多联系

    C. 多对一联系　　　　　　　　　　　D. 多对多联系

71. 学生选课成绩表的关系模式是 SC(S#,C#,G),其中 S# 为学号,C# 为课号,G 为成绩,则图 4.26 表示_____。

    A. S 中所有学生都选修了的课程的课号

    B. 全部课程的课号

    C. 成绩不小于 80 的学生的学号

    D. 所选人数较多的课程的课号

$\pi_{S\#,C\#}(SC)/S$

SC		
S#	C#	G
S1	C1	90
S1	C2	92
S2	C1	91
S2	C2	80
S3	C1	55
S4	C2	59
S5	C3	75

S
S#
S1
S2

(a)　　　　　　(b)

图 4.26　第 71 题图

72. 有三个关系 R,S 和 T 如图 4.27 所示,则由关系 R 和 S 得到关系 T 的操作是_____。

R		
A	B	C
a	1	2
b	2	1
c	3	1

S	
A	B
c	3

T
C
1

(a)　　　　　　(b)　　　　　　(c)

图 4.27　第 72 题图

A. 自然连接　　　　B. 交　　　　　　　C. 除　　　　　　　　　D. 并

73. 若一个教练训练多个运动员,每个运动员接受多个教练指导,则教练和运动员间的联系是_____。

A. 多对多联系　　B. 一对一联系　　　C. 一对多联系　　　　D. 多对一联系

二、思考题

1. 说明数据库、数据库管理系统、数据库系统的关系。

2. 关系模型的主要性质有哪些?

3. 如何理解关系模型的数据约束?

4. 数据库的实体联系有哪些类型?

5. 将图 4.28 所示的 E-R 模型转换为逻辑模型,要求具体写出各个关系及其属性。

提示:应该转换为三个关系,包括学生(学号、姓名、性别),课程(课程号、课程名、学分),选课(学号、课程号、成绩)。

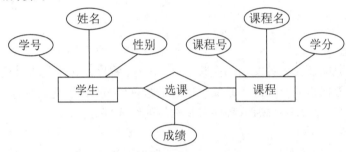

图 4.28　第 5 题图

习题参考答案

一、选择题

1. B	2. A	3. C	4. C	5. C	6. A	7. C	8. C	9. D	10. B
11. C	12. A	13. C	14. B	15. A	16. B	17. C	18. C	19. B	20. D
21. D	22. D	23. B	24. B	25. C	26. C	27. B	28. A	29. D	30. A
31. B	32. A	33. A	34. C	35. C	36. C	37. C	38. D	39. A	40. D
41. A	42. A	43. B	44. D	45. D	46. A	47. C	48. C	49. C	50. A
51. B	52. B	53. D	54. A	55. A	56. C	57. B	58. C	59. A	60. D
61. A	62. A	63. A	64. A	65. A	66. A	67. A	68. A	69. A	70. B
71. A	72. C	73. A							

二、思考题

(略)

第5章
软件的开发

略

5.1　软　件　工　程

5.1.1　软件

1. 软件的概念

软件是程序、数据及其相关文档的完整集合。其中,程序是按事先设计的功能和性能要求编写的指令序列,数据是使程序能正常操纵信息的数据结构,文档是与程序开发、维护和使用有关的图文材料。程序并不是软件,程序只是软件的组成部分。

2. 软件的分类

软件按功能划分为 3 类:系统软件、应用软件和支撑软件。

(1)系统软件。

系统软件是用于计算机自身的管理、运算和维护,以及对用户程序的翻译、装入、编辑和运行的程序。系统软件包括操作系统、语言处理程序和服务程序等。系统软件中最核心的是操作系统;语言处理程序主要包括各种计算机语言的编译、解释程序;服务程序主要包括计算机的监控管理程序、故障检测和诊断程序及系统调试程序等。

操作系统(operating system,OS)是一组控制和管理计算机软、硬件资源,为用户提供便捷使用计算机的程序的集合。操作系统占有特殊且重要的地位,如图 5.1 所示,其他软件都以操作系统为基础。操作系统为用户提供了一个良好的环境,是用户与计算机硬件之间的接口,用户通过操作系统可以最大限度地利用计算机,合理地调配软、硬件资源,使计算机各部分协调有效地工作。

图 5.1　计算机系统

①操作系统应具有以下功能。

● 存储器管理。存储器管理为多道程序的运行提供良好的环境,方便用户使用存储器,提高存储器的利用率,以及能从逻辑上来扩充内存容量。

● 处理机管理。处理机管理对处理机(CPU)进行分配,并对其运行进行有效的控制和管理。在多道程序环境下,处理机的分配和运行都是以进程为基本单位,因此处理机管理可归结为进程管理。

● 设备管理。设备管理完成用户提出的 I/O(input/output,输入输出)请求,为用户分配 I/O 设备,提高 CPU 和 I/O 设备的利用率和速度。

● 文件管理。文件管理对用户文件和系统文件进行管理,以方便用户使用,并保证文件的安全性。

● 作业管理。作业是系统为完成用户的一个计算任务或一次事务处理所做的工作总和。例如,对于用户编写的源程序,需要经过编译、连接及运行才会产生计算结果,这其中的每一步都称为作业步,作业步的顺序执行即完成了一个作业。

②操作系统的多种分类方式。

● 按用户数分类。可以分为单用户操作系统和多用户操作系统。

● 按任务数分类。可以分为单任务操作系统和多任务操作系统。

● 按系统功能分类。可以分为批处理操作系统、分时操作系统和实时操作系统。

● 按计算机配置分类。可以分为单机操作系统和多机操作系统,多机操作系统又分为网络操作系统和分布式操作系统。

③常用操作系统的分类简介。

● 批处理操作系统。为了进一步提高计算机资源的利用率,在该系统中将用户所提交的作业都先存放在外存上并排成一个队列,该队列被称为"后备队列";然后由作业调度程序按一定的算法从后备队列中选择若干个作业调入内存,使它们共享 CPU 和系统中的各种资源以解决资源利用率不高的问题。

● 分时操作系统。为了改善用户上机、调试程序的条件,在多道批处理系统出现后不久,又出现了多道程序的分时操作系统。分时操作系统是指在一台主机上连接了多个带有显示器和键盘的终端,同时允许多个用户共享主机中的资源,每个用户都可以通过自己的终端以交互方式使用计算机。例如,常见的 Unix 操作系统就是分时操作系统。

● 实时操作系统。计算机的应用范围日益扩大到以下两个领域:一是实时控制,如飞机的自动驾驶,二是实时信息处理,如飞机订票。为了解决上述两个领域的需求,出现了实时操作系统。实时操作系统是指系统能及时或即时响应外部事件的请求,在规定的时间内完成对该事件的处理,并控制所有实时任务协调一致地运行。

● 网络操作系统。计算机网络是计算机技术与通信技术高度发展和相互结合的产物。网络操作系统能够方便用户使用网络,实现用户通信和资源共享,并能提高网络资源的利用率和网络的吞吐量。

● 分布式操作系统。分布式操作系统是由多个分散的处理单元经互联网络的连接而形成的系统。其中,每个处理单元既具有高度的自治性,又相互协同,能在系统范围内实现资源管理、动态地分配任务,并能并行地运行分布式程序。

（2）应用软件。

应用软件是指为解决某种实际问题而编制的程序，它可以分为应用软件包和用户程序。应用软件包是指为了解决带有通用性问题而研制开发的程序，可供用户选用，如记账、制表、字处理等软件；用户程序是针对特定问题而编制的程序。

①字处理软件。字处理软件主要用于对文件进行编辑、排版、存储和打印。目前比较流行的字处理软件是 Microsoft Word。

②辅助设计软件。辅助设计软件是利用计算机辅助绘图和设计的软件，目前使用较广泛的辅助设计软件是 AutoCAD。

③图形图像和动画制作软件。图形图像和动画制作软件是制作多媒体素材的工具，目前常用的图形图像软件有 Photoshop，CorelDRAW 等，常用的动画制作软件有 3ds Max，Maya，Flash 等。

④网页制作软件。目前比较流行的网页制作软件有 Dreamweaver，Fireworks 等。

⑤常用工具软件。常用的工具软件有压缩/解压缩软件、杀毒软件、翻译软件、影音播放软件、图片浏览软件等。

（3）支撑软件。

支撑软件是在系统软件和应用软件之间，提供应用软件设计、开发、测试、评估、运行检测等辅助功能的软件。随着计算机科学技术的发展，软件的开发和维护代价在整个计算机系统中所占的比重很大，远远超过硬件。因此，支撑软件的研究具有重要意义，会直接促进软件的发展。

软件开发环境是现代支撑软件的代表，它主要包括环境数据库、各种接口软件和工具组，这三者形成整体，协同支撑软件的开发与维护。软件开发环境包括一系列基本的工具，如编译器、数据库管理、存储器格式化、文件系统管理、用户身份验证、驱动管理、网络连接等方面的工具。著名的软件开发环境有 IBM 的 WebSphere，微软公司的 Visual Studio 等。

5.1.2　软件工程

1. 软件工程的概念

随着计算机的应用范围迅速扩大，软件开发急剧增长，软件系统的规模越来越大，复杂程度越来越高，软件可靠性问题也越来越突出。软件危机就是指落后的软件生产方式无法满足迅速增长的计算机软件需求，从而导致软件开发与维护过程中出现一系列严重问题的现象，其主要表现在以下几个方面。

①软件开发进度难以预测。拖延工期几个月甚至几年的现象并不罕见。

②软件开发成本难以控制。投资一再追加，往往是实际成本比预算成本高出一个数量级。

③产品功能难以满足用户的需求。软件开发人员不能真正了解用户的需求，而用户又不了解计算机求解问题的模式和能力，双方无法用共同熟悉的语言进行交流和描述。

④软件产品质量无法保证。软件是逻辑产品，质量问题很难以统一的标准度量，因而造成质量控制困难。

⑤软件产品难以维护。软件产品本质上是开发人员的代码化的逻辑思维活动，他人难以替代。除非是开发者本人，否则很难及时检测、排除系统故障。

为了提高软件的质量，降低软件开发和维护成本，将工程科学的概念、原理、技术和方法应用到软件开发过程中,产生了软件工程的概念。

软件工程是一门研究用工程化方法构建和维护有效的、实用的和高质量的软件的学科。它涉及程序设计语言、数据库、软件开发工具、系统平台、标准、设计模式等方面。软件工程理论和技术研究的内容主要包括软件开发技术和软件工程管理。

软件工程是应用于计算机软件的定义、开发与维护的一整套方法、工具、文档、实践标准和工序。软件工程包括 3 个要素:方法、工具和过程。其中,方法是完成软件开发各项任务的技术手段;工具支持自动或半自动软件的开发、管理和文档生成;过程是把软件工程的方法和工具综合起来以达到合理、及时地进行计算机软件开发的活动。

2. 软件工程的目标及原则

(1)软件工程的目标。

软件工程的目标是在给定成本、进度的前提下,开发出具有适用性、有效性、可修改性、可靠性、可理解性、可维护性、可重用性、可移植性、可追踪性、可互操作性和满足用户需求的软件产品。追求这些目标有助于提高软件产品的质量和开发效率,减少维护的困难。

①适用性。适用性即软件在不同的系统约束条件下,使用户需求得到满足的难易程度。

②有效性。有效性即软件系统能最有效地利用计算机的时间和空间资源。各种软件无不把系统的时间/空间开销作为衡量软件质量的一项重要技术指标。很多场合,在追求时间有效性和空间有效性时会发生矛盾,这时不得不牺牲时间有效性换取空间有效性或牺牲空间有效性换取时间有效性,时间/空间折中是经常采用的技巧。

③可修改性。可修改性即允许对系统进行修改而不增加原系统的复杂性。它支持软件的调试和维护,是一个很难达到的目标。

④可靠性。可靠性能防止因概念、设计和结构等方面的不完善造成的软件系统失效,具有挽回因操作不当造成软件系统失效的能力。

⑤可理解性。可理解性即系统具有清晰的结构,能直接反映问题的需求。可理解性有助于控制系统软件的复杂性,并支持软件的维护、移植或重用。

⑥可维护性。可维护性即软件交付使用后,能够对它进行修改,以改正潜伏的错误,改进性能和其他属性,使软件产品适应环境的变化等。软件维护费用在软件开发费用中占有很大的比重,可维护性是软件工程中一项十分重要的目标。

⑦可重用性。可重用性即把概念或功能相对独立的一个或一组相关模块定义为一个软部件,可组装在系统的任何位置,降低工作量。

⑧可移植性。可移植性即软件从一个计算机系统或环境搬到另一个计算机系统或环境的难易程度。

⑨可追踪性。可追踪性即根据软件需求对软件设计、程序进行正向追踪,或根据软件设计、程序对软件需求进行逆向追踪的能力。

⑩可互操作性。可互操作性即多个软件元素相互通信并协同完成任务的能力。

(2)软件工程的原则。

在软件开发过程中,必须遵循软件工程的基本原则,包括抽象、模块化、信息屏蔽、局部化、确定性、一致性、完备性和可验证性等。

①抽象。采用分层次抽象,自顶向下、逐层细化的办法控制软件开发过程的复杂性。

②模块化。模块化有助于信息隐蔽和抽象,也有助于表示复杂的系统。

③信息隐蔽。将模块设计成"黑箱",实现的细节隐藏在模块内部,不让模块的使用者直接访问,这就是信息封装。

④局部化。保证模块之间具有松散的耦合,模块内部具有较强的内聚,这有助于控制分解的复杂性。

⑤确定性。软件开发过程中所有概念的表达应是确定的、无歧义性的、规范的。

⑥一致性。整个软件系统使用一致的概念、符号和术语。

⑦完备性。完备性即软件系统不丢失任何重要成分,可以完全实现系统所要求功能的程度。

⑧可验证性。易于检查、测试、评审,确保系统的正确性。

3. 软件开发工具和软件开发环境

软件开发工具和软件开发环境是实施软件工程的重要保证。

(1)软件开发工具。

软件开发工具从早期的单项工具已经逐步发展为集成式工具,为软件工程提供了自动式和半自动式的软件支撑环境。

(2)软件开发环境。

软件开发环境(software development environment,SDE)是全面支持软件开发全过程的软件工具的集合。计算机辅助软件工程(computer-aided software engineering,CASE)就是将各种开发工具、开发方法和开发信息中的数据库进行集成,形成软件开发环境。软件开发环境在基本硬件和宿主软件的基础上,为支持系统软件和应用软件的工程化开发和维护提供了一组软件,它由软件工具和环境集成机制构成,前者用以支持软件开发的相关过程、活动和任务,后者为工具集成和软件的开发、维护及管理提供统一的支持。

5.2　软件的开发

5.2.1　软件的生命周期

软件产品从提出、实现、使用、维护到停用的过程称为软件的生命周期。一般来说,软件的生命周期由软件定义、软件开发和软件维护3个阶段组成,每个阶段又可进一步划分成若干个阶段。软件定义包括可行性研究与需求分析;软件开发包括概要设计、详细设计、软件实现和软件测试;软件维护包括软件的使用、维护和停用。

软件定义阶段的主要任务是确定软件系统的主要功能、性能、可靠性和接口设计等方面,制订系统开发的总目标和开发任务的实施计划,同时编写软件需求规格说明书,作为软件开发工作的基础和依据。

软件开发阶段的主要任务是设计软件的结构、模块的划分、功能的分配和软件的实现。软件编码完成后需要进行测试和调试,保证软件功能完备。

软件维护阶段的主要任务是在软件运行时,对出现的问题进行处理,根据用户的需求进行必要的功能扩充、删除和修改。

软件的生命周期如图 5.2 所示。

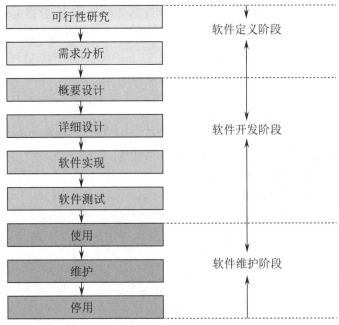

图 5.2　软件的生命周期

5.2.2　软件开发的需求分析阶段

1. 需求分析

软件的用户需求是指用户要求开发的系统应具有的全部功能和特性,是指用户对目标软件系统在功能、性能、行为、设计约束、可靠性、安全保密性,以及开发费用、时间和资源方面的限制等方面的期望。需求分析的任务是通过系统分析员与用户一起商定,清晰、准确、具体地描述软件产品必须具有的功能、性能、运行规格等要求。软件需求分析阶段的目的是明确用户的要求,并把双方共同的理解明确地表达成一份书面文档——软件需求规格说明书。

需求分析阶段工作可以概括为 4 个步骤:需求获取、需求分析、编写软件需求规格说明书和需求评审。

软件需求规格说明书(software requirement specification,SRS)是对软件所应满足的要求,以可验证的方式制作出完全、精确陈述的文件。软件需求说明书的编制是为了使用户和软件开发者双方对该软件的初始规定有一个共同的理解,使之成为整个开发工作的基础,具体包括硬件、功能、性能、输入输出、接口界面、警示信息、保密安全、数据与数据库、文档和法规的要求。

(1)软件需求规格说明书的作用。

软件需求规格说明书是需求分析阶段要完成的重要文档,有以下主要作用。

①便于开发人员与用户讨论、交流和理解。

②作为开发设计和研发工作的基础。

③作为系统确认测试和系统验收时的依据。

(2)软件需求规格说明书的主要内容。

①功能规格说明。功能规格说明即对软件所应具备的功能做出规定,逐项定量和定性地叙述对软件所提出的功能要求,说明输入什么量、经过怎样的处理、得到什么输出,说明软件应

支持的终端数和应支持的并行操作的用户数。

②性能规格说明。性能规格说明即对软件所应具备的性能,如数据的输入输出及传输过程中的精度要求、响应时间和更新时间等时间特性要求、按可预见的数据增长而占用存储空间的要求、软硬件故障及其恢复处理的要求等。

③接口规定说明。接口规定说明即说明软件所需要的硬设备(如处理器型号及存储容量等)、支持软件(包括要用到的操作系统等),以及对软件与其环境之间、软件各组成部分之间的接口关系、通信协议等做出规定。

④设计规格说明。设计规格说明即对软件的设计加以说明,典型的内容包括使用的算法、控制逻辑、数据结构、模块间接口关系及输入输出格式等。

(3)软件需求规格说明书的书写框架。

①引言和任务概述(项目概述)。

②数据描述和接口说明。

③功能描述。

④性能需求描述。

⑤参考文献目录。

⑥附录。

(4)软件需求规格说明书的特点。

软件需求规格说明书具有正确性、无二义性、完整性、可验证性、一致性、可理解性、可修改性和可追踪性等特点。软件需求规格说明书要做到精确且没有错误,因此正确性是保证软件质量的关键,是最重要的特点。

2. 需求分析方法

常见的需求分析方法有结构化分析(structured analysis,SA)和面向对象的分析(object-oriented analysis,OOA)。

(1)结构化分析。

结构化分析是一种面向数据流、自顶向下、逐步求精进行需求分析的方法,是应用普遍、简单实用的方法。它的基本思想是按照系统工程的方法,采取"分解"和"抽象"两个基本手段来分析复杂系统。一是自顶向下地对现有系统进行分解,把大问题分解为若干个小问题,对于每个小问题,再单独分析,直到细分的子系统足以清楚地被理解和表达为止;二是抽象,就是在分析过程中,要透过具体的事物看到问题的本质属性,并将所分析的问题实体变为一般的概念。

结构化分析的常用工具主要包括数据流图和数据字典。

①数据流图(dataflow diagram,DFD)。数据流图从数据传递和加工的角度,以图形的方式刻画数据处理系统的工作情况,即数据流从输入到输出的流动变换过程。它是一种能全面地描述系统逻辑模型的主要工具,用几种符号综合地反映系统中数据的流动、处理和存储情况。

数据流图包括以下 4 种基本图形成分。

→ 数据流:在数据流图中,用箭头线及其线旁标注的数据表示数据流动的方向,例如,"发票"数据流由品名、规格、单位、数量等数据组成。

○ 加工:是指对数据执行的某种操作或变换,也就是对数据进行的某种处理过程。在数据流图中,加工用圆圈表示,在圆圈内写上加工的名字。

══ 文件:是指按照某种规则组织和存储起来的数据集合。在数据流图中,文件用直线表示,在直线旁标注文件名。

▢ 数据流的源和潭:指系统之外的外部实体,是数据的始发点或终止点,是系统与外界之间的接口。原则上讲,外部实体不属于数据流图的核心部分,它表示与系统有关,同时又不属于系统内部的外围部分。在数据流图中,外部实体用方框表示,在方框内注明相应的名称。

例如,图 5.3 所示为借书过程的数据流图。

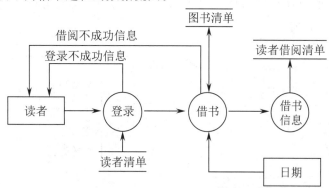

图 5.3 借书过程的数据流图

②数据字典(data dictionary,DD)。数据字典是数据流图中所有图形元素的定义集合。数据字典是以特定格式记录下来的、对系统数据流图中的各个基本要素的内容和特征所做的定义和说明。数据字典是结构化分析的重要工具之一,是对数据流图的重要补充。数据字典的作用是使得每一个图形元素的名字都有一个确切的解释。数据字典中所有的定义都应是严密的、精确的,不可有二义性。

数据字典的内容主要包括数据项的定义和数据结构的定义。

数据项的定义包括数据项编号、名称、别名、简述、类型、长度、取值范围等。例如,"职员姓名"数据项的定义如表 5.1 所示。

表 5.1 "职员姓名"数据项的定义

数据项编号	名称	别名	简述	类型	长度	取值范围
a001	职员姓名	姓名	在职职员身份证姓名	字符	6 B	0~999999

数据结构描述数据项之间的关系,一个数据结构可以由若干个数据项组成。数据结构的定义包括编号、名称、简述和数据结构组成等。例如,表 5.2 所示为"用户订货单"的数据结构组成。

表 5.2 "用户订货单"的数据结构组成

DS03—01:用户订货单		
DS03—02:订货单标识	DS03—03:用户信息	DS03—04:配件信息
I1:订货单编号	I3:用户代码	I10:配件代码
I2:日期	I4:用户名称	I11:配件名称
	I5:用户地址	I12:配件规格
	I6:用户姓名	I13:订货数量
	I7:用户电话	
	I8:用户开户银行	
	I9:用户银行账号	

结构化分析中还经常使用描述处理逻辑的工具,主要包括判断树和判断表。

①判断树。判断树是用图形来表示处理逻辑的一种图形工具,它可以直观清晰地表达加工中的多个策略,以及每个策略和相关条件的逻辑功能。

判断树的左边为根节点,称为决策节点;与决策节点相连接的称为方案枝;最右侧的方案枝端点表示决策结果,即所采用的策略;中间各节点称为分段决策节点。例如,某公司订货折扣政策判断树如图5.4所示。

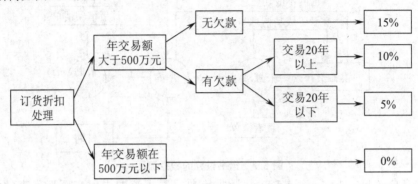

图5.4 某公司订货折扣政策判断树

②判断表。判断表呈表格形式,适用于判断条件较多、各个条件又相互结合、相应的决策方案较多的情况。

判断表由4个部分组成,左上部分表示条件,列出所有可能的条件;左下部分表示行动,列出所有可能的行动方案;右上部分是各种条件的不同组合;右下部分是各种条件组合下应该采取的行动。例如,某公司订货折扣政策判断表如表5.3所示。

表5.3 某公司订货折扣政策判断表

	条件及行动	1	2	3	4
条件组合	C1:交易额在500万元以上	Y	Y	Y	N
	C2:无欠款	Y	N	N	
	C3:交易20年以上		Y	N	
行动	A1:折扣率15%	√			
	A2:折扣率10%		√		
	A3:折扣率5%			√	
	A4:折扣率0%				√

(2)面向对象的分析。

面向对象的分析接近现实世界,可以限制由于不同的人对系统的不同理解所造成的偏差。该方法是以对象为中心,直接完成从对象客体的描述到软件结构间的转换,解决了从分析和设计到软件模块结构之间的多次转换的复杂问题。

面向对象的分析不进行整体划分,直接采用自底向上的分析,很难概括系统的全貌,在一定程度上造成了结构不合理、各部分关系失调等问题。

5.2.3　软件开发的设计阶段

1. 软件设计的基本概念和原则

软件设计是把软件需求转换为软件表示的过程。软件设计的任务是从软件需求规格说明书出发,确定系统的体系结构和物理模型,形成软件的具体设计方案。软件设计是软件开发的关键和基础,是软件工程质量的决定性因素。

从技术观点上看,软件设计包括软件结构设计、数据设计、接口设计和过程设计。从工程管理角度上看,软件设计分为两个步骤:概要设计和详细设计。

软件设计遵循软件工程的基本原则,具体包括以下几个方面。

(1)抽象。

抽象就是先进行本质性的概要设计,把握总体结构,然后再由总体设计阶段转入详细设计阶段。

(2)模块化。

模块是系统逻辑模型和物理模型的基本单位,是指能够单独命名并独立完成一定功能的程序语句的集合。模块应具备 4 个要素:输入输出、逻辑处理功能、内部数据、程序代码。模块化就是把复杂的问题分解成许多容易解决的小问题,从而降低软件开发的复杂度。但是,由于模块间接口的工作量增大,因此模块的层次和数量应该适当。模块调用数量的最大值称为系统结构的宽度。

(3)信息隐蔽和局部化。

将模块的细节封装起来,简化模块接口,独立的模块间仅仅交换完成系统功能必须交换的信息。

(4)模块独立性。

模块独立性是指每一个模块只完成该模块的子功能,并且简化接口,减少模块间的联系。模块的独立性可以由内聚和耦合两个标准进行度量。

①内聚性。内聚性衡量一个模块内部各个元素间彼此结合的紧密程度。在软件设计中,应力求做到高内聚,从而获得较高的模块独立性。

②耦合性。耦合性衡量不同模块彼此间互相依赖(连接)的紧密程度。耦合强弱取决于模块间接口的复杂程度、调用方式等。

在软件设计中,内聚性和耦合性是密切相关的,模块内的高内聚性往往意味着模块间的低耦合性。在软件设计和开发时,应尽量做到高内聚、低耦合。

2. 结构化设计

结构化设计(structured design)把系统作为一系列数据流的转换,输入数据被转换为期望的输出值,通过模块化来完成自顶而下的实现,通常与结构化分析衔接起来使用,以数据流图为基础得到软件的模块结构。结构化设计是进行软件设计的有效方法,通过这种方法将需求分析阶段的数据流图映射转换为软件结构设计阶段的结构图。

(1)信息流类型。

在软件工程的需求分析阶段,信息流是一个关键考虑,通常用数据流图描绘信息在系统中加工和流动的情况,面向数据流的设计方法把信息流映射成为软件结构,信息流的类型决定了映射的方法。典型的信息流类型包括变换型和事务型。

①变换型。信息沿输入通路进入软件系统,并从外部形式变换成内部形式,经加工处理后,再沿输出通路变换成外部形式离开软件系统。当数据流图具有这些特征时,这种信息流称为变换型信息流。

变换型系统结构图由输入、中心变换和输出3部分组成。

②事务型。数据沿输入通路到达一个处理,这个处理根据输入数据的类型在若干个动作序列中选出一个来执行。当数据流图具有这些特征时,这种信息流称为事务型信息流。分析事务流是设计事务处理程序的一种策略,采用这种策略通常有一个上层事务中心,其下将有多个事务模块,每个模块只负责一个事务类型,转换分析将会分别设计每个事务。

事务型的软件结构至少由一条接收路径、一个事务中心和若干条动作路径组成。

(2)面向数据流的结构化设计的实施过程。

结构化设计是数据模型和过程模型的结合。在设计过程中,它从整个程序的结构出发,利用模块结构图表述程序模块之间的关系。结构化设计的步骤如下。

①评审和细化数据流图。

②分析数据流图,明确是变换型特征还是事务型特征,确定数据流图的类型。

③确定输入流和输出流的边界。

④把数据流图映射到软件模块结构,设计出模块结构的上层。

⑤基于数据流图逐步分解上层模块,设计中下层模块。

⑥对模块结构进行优化,得到更为合理的软件结构。

⑦描述模块接口。

结构化设计的基本思想是将软件设计成由相对独立且具有单一功能的模块组成的结构,分为概要设计和详细设计两个阶段。

3. 结构化概要设计的过程和工具

(1)结构化概要设计的过程。

结构化概要设计也称为结构设计或总体设计,主要任务是把系统的功能需求分配给软件结构,形成软件的模块结构图。

结构化概要设计的过程包括以下步骤。

①设计软件系统结构。划分功能模块,确定模块间调用关系,即系统的模块组成、模块之间的关系及模块内部的处理过程。

②数据结构及数据库设计。实现需求定义和规格说明过程中提出的数据对象的逻辑表示,即系统处理的各个数据对象的结构及其逻辑关系。在大型软件系统中,经常使用数据库来管理和操作数据,分析员应该根据需要完成数据库的设计。

③编写结构化概要设计文档。包括结构化概要设计说明书、数据库设计说明书、集成测试计划等。

④结构化概要设计文档评审。对设计方案是否完整实现需求分析中规定的功能、性能的要求及设计方案的可行性等进行评审。查找系统存在的问题和不足,形成审查结果,反复进行评审,直到评审通过。

(2)结构化概要设计的工具。

在结构化概要设计中,最主要的环节就是软件结构设计。结构图(structure diagram)是软件结构设计的有效工具,是对软件系统结构的总体设计的图形显示。结构图也称为系统结构图或控制结构图,它表示了一个系统(或功能模块)的层次分解关系、模块之间的调用关系及模块之间数据流和控制流信息的传递关系。

结构图的基本组成部分是模块、数据和调用。

①结构图中的基本图符。

▢▢ 一般模块:表示处理模块,矩形内标注反映处理功能的模块名字和主要功能。

⟶ 调用:连接两个模块,表示调用关系,箭头总是由调用模块指向被调用模块,被调用模块执行完毕后又返回调用模块。

○⟶ 数据信息:表示模块之间传递的数据信息,箭头上可以标注具体的信息内容。当一个模块调用另一个模块时,调用模块可以将数据传递给被调用模块,而被调用模块又可以将处理结果数据传送回调用模块。

●⟶ 控制信息:表示模块之间传递的控制信息,箭头上可以标注具体的信息内容。为了指导程序下一步的执行,模块之间需要传递一些控制信息,如文件结束标志等。

模块间的调用关系有 3 种:直接调用、选择调用和循环调用。因此,除以上基本符号外,也可以在箭头尾部加入图形◇或○,以表示选择调用和循环调用。假设有 A,B,C,D 这 4 个模块,则直接调用、选择调用和循环调用分别如图 5.5、图 5.6 和图 5.7 所示。

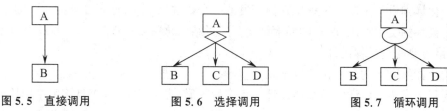

图 5.5　直接调用　　　　图 5.6　选择调用　　　　图 5.7　循环调用

②结构图的基本术语。

深度:模块结构的层次数(控制的层数)。

宽度:各层模块的最大模块数。

扇出:一个模块直接调用的其他模块数目。

扇入:调用一个给定模块的模块个数(被调用的次数)。

为了突出描述软件系统的模块化和模块之间的关系结构,设计结构图时可以省略传递流的部分细节,简化模块结构图的设计过程。HIPO(hierarchy plus input-process-output)图就是一种描述系统结构和模块内部处理功能的工具。它既可以描述软件总的模块层次结构——H 图(层次图),又可以描述每个模块输入/输出数据、处理功能及模块调用的详细情况——IPO 图。在进行结构化设计的实践中,如果一个系统的模块结构图比较复杂,可以采用层次图对其进行抽象,如果需要对模块结构图中的每一个模块给出进一步描述,可以辅助相应的 IPO 图。例如,图 5.8 所示为某企业进销存管理系统的模块层次结构图。

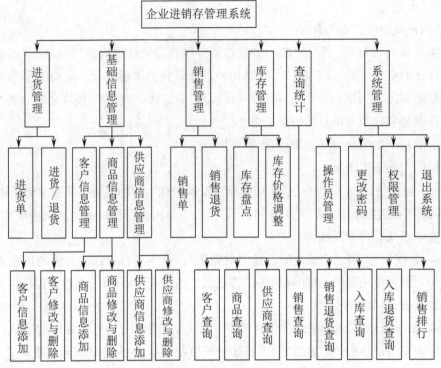

图 5.8　某企业进销存管理系统的模块层次结构图

4. 结构化详细设计的过程和工具

(1)结构化详细设计的过程。

结构化详细设计是软件工程中软件开发的一个步骤,就是对概要设计的一个细化,即详细设计每个模块的实现算法、所需的局部结构。经过结构化概要设计后,进入结构化详细设计阶段,其中最重要的是过程设计。

结构化详细设计的过程包括以下几个步骤。

①为每个模块进行详细的算法设计。用某种图形、表格、语言等工具将每个模块处理过程的详细算法描述出来。

②为模块内的数据结构进行设计。对需求分析、概要设计确定的概念性的数据类型进行确切的定义。

③为数据结构进行物理设计,即确定数据库的物理结构。物理结构主要指数据库的存储记录格式、存储记录安排和存储方法,这些都依赖于具体所使用的数据库系统。

④其他设计。

● 代码设计。为了提高数据的输入、分类、存储、检索等操作效率,节约内存空间,对数据库中的某些数据项的值要进行代码设计。

● 输入/输出格式设计。

● 人机对话设计。对于一个实时系统,用户与计算机频繁对话,因此要进行对话方式、内容、格式的具体设计。

⑤编写结构化详细设计说明书。

⑥评审。对处理过程的算法和数据库的物理结构等进行评审。

(2)过程设计的常用工具。

描述数据处理过程的工具称为过程设计工具,具体分为图形类、表格类和语言类。其中图形类工具主要有程序流程图、N-S 图、问题分析图(problem analysis diagram,PAD);表格类工具主要有判断表和判断树;语言类工具主要有设计程序语言(program design language,PDL)。下面主要介绍图形类工具。

①程序流程图。程序流程图包括 3 种基本成分:矩形表示处理步骤、菱形表示条件判断、箭头表示控制流。使用这些基本成分可以表示顺序、选择和循环 3 种基本程序结构,还可以再进行组合和嵌套,建立复杂的程序流程图以表示程序的复杂逻辑关系,如图 5.9 所示。

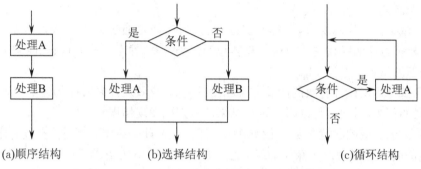

图 5.9　程序流程图

②N-S 图。N-S 图又称为盒图,是一种直观描述模块处理过程的自上而下的积木式表示方法。它比程序流程图紧凑易画,取消了控制线,限制了控制转移,保证了良好的控制结构,如图 5.10 所示。

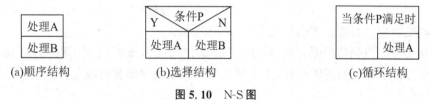

图 5.10　N-S 图

③问题分析图。问题分析图具有结构清晰、图形标准化等特点,如图 5.11 所示。

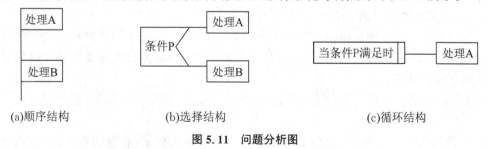

图 5.11　问题分析图

5.2.4　软件开发的测试阶段

1.测试的定义

测试是为了发现程序中的错误而执行程序的过程。具体地说,软件测试是根据软件开发各阶段的规格说明和程序的内部结构而精心设计出一批测试用例,并根据测试用例的运行状况来发现错误程序的过程。

2. 测试的目标

①测试是为了发现程序中的错误而执行程序的过程。

②好的测试方案是极有可能发现尚未发现的错误的测试方案。

③成功的测试是发现了尚未发现的错误的测试。

3. 软件测试的方法和技术

软件测试的方法很多,从是否需要执行被测软件的角度划分,可以分为静态测试和动态测试。动态测试从测试的是外部功能还是内部功能的角度来划分,可以分为白盒测试和黑盒测试。

(1)静态测试。

静态测试又称为代码复查,是指不实际运行软件,而是通过人工方式评审系统文档和程序,目的是检查程序的结构,找出错误,具体包括代码检查、静态结构分析、代码质量度量等。

(2)动态测试。

动态测试是运用设计有效的测试方案和测试用例,有效地控制程序的运行,从多角度观察程序运行时的行为,对比运行结果与预期结果的差别以发现错误。

动态测试的关键问题就是如何设计测试用例,即设计一批测试数据,通过有限的测试用例,在有限的时间和经费的约束下,尽可能多地发现程序中的错误。测试用例包括测试的功能、应该输入的测试数据和预期的结果。不同的测试用例发现程序错误的能力差别很大,因此为了提高测试效率,应该选用高效的测试用例。

①白盒测试。白盒测试又称为结构测试。把被测试的程序看成一个透明的盒子,根据软件的内部工作过程,检查内部成分,以确认程序内部操作是否符合设计规格要求;根据程序的内部结构和逻辑结构来设计测试用例,对程序的路径和过程进行测试,检查是否满足设计的要求。白盒测试的主要方法有逻辑覆盖和基本路径测试等。

● 逻辑覆盖。逻辑覆盖是以程序的内部逻辑结构为基础的测试用例设计技术。它要求测试人员十分清楚程序的逻辑结构,考虑测试用例对程序内部逻辑覆盖的程度,力求提高测试覆盖率。

● 基本路径测试。基本路径测试是通过分析控制流程来确定环路的复杂性,导出基本路径集合,从而设计测试用例,保证这些路径至少通过一次。

②黑盒测试。黑盒测试将被测试的程序看成一个黑盒子,完全不考虑程序内部的结构和处理过程,只用测试数据来检查程序是否符合功能要求。黑盒测试就是测试输入的数据能否产生正确的输出结果。

黑盒测试的方法主要有等价类划分法、边界值分析法、错误推测法等,主要用于软件确认测试。

● 等价类划分法。等价类划分法是把所有可能的输入数据(有效的和无效的)划分成若干个等价的子集(称为等价类),然后从每个子集中选取一组数据来测试程序的正确性。

● 边界值分析法。实践表明,程序往往在处理边界值的时候容易出错,如数组的下标、循环的上下界等。针对这种情况设计测试用例的方法就是边界值分析法,即通过输入恰好等于、小于和大于边界的值作为测试数据。

● 错误推测法。错误推测法的基本想法是列举出程序中所有可能有的错误和容易发生错误的特殊情况,根据它们选择测试用例。错误推测法针对性强,可以直接切入可能的错误,直接定位,是一种非常实用、有效的方法。

4. 软件测试的步骤

软件测试的过程一般分为 4 个步骤:单元测试、集成测试、系统测试和验收测试(确认测试)。

(1)单元测试。

单元测试又称为模块测试,是指将系统中的每个组成模块作为实体进行测试,其目的是为了发现模块内部可能存在的各种错误和不足。

单元测试的内容主要包括模块接口测试、局部数据结构测试、重要的执行路径测试、出错处理测试和边界条件测试。

(2)集成测试。

集成测试是将各个模块按照设计要求组装成子系统或整个系统进行测试的方法。集成模块的方式有非增量式组装方式和增量式组装方式。

非增量式组装方式是指先分别对每个模块进行测试,再把若干个模块按设计要求组装在一起进行测试。

增量式组装方式是指把下一个要测试的模块同已经测试好的那些模块结合起来进行测试,测试完以后再把下一个应该测试的模块结合起来测试。

集成测试的内容包括软件单元的接口测试、全局数据结构测试、边界条件和非法输入的测试等。

(3)系统测试。

系统测试的目的在于通过与系统的需求进行比较,发现软件和系统定义不符合或与之矛盾的地方。具体实施一般包括功能测试、性能测试、操作测试、配置测试、外部接口测试和安全性测试等。

(4)验收测试。

验收测试是在用户的参与下,进一步验证软件的有效性,即验证软件的功能和性能是否满足用户的要求。验收测试可以发现需求分析阶段的错误和不足,进而对整个设计进行改进。

5. 软件调试

(1)软件调试的基本概念。

软件调试是确定错误的位置、性质并纠正错误的过程,又称为排错。

软件调试和软件测试是有区别的。软件测试是找出软件错误的过程;软件调试是找出原因和具体位置,并改正软件错误的过程。软件测试贯穿整个软件的生命周期,软件调试主要在软件开发阶段。软件测试是软件调试的基础,有效的软件测试才能发现问题,并对程序进行软件调试以解决问题。

软件调试过程由两个部分组成:一是确定程序中错误的确切性质和位置;二是对程序代码进行分析,确定问题的原因,并设法改正这个错误。

软件调试的基本步骤如下。

①从错误的外部表现形式入手,确定程序中出错的位置。

②分析相关程序代码,找出错误的内在原因。

③修改程序代码，排除这个错误。

④重复进行暴露这个错误的原始测试及某些回归测试，以确保该错误确实被排除且没有引入新的错误。

⑤如果所做的修正无效，则撤销这次改动，重复上述过程，直到找到一个有效的办法为止。

（2）软件调试的方法。

软件调试可以分为静态调试和动态调试。静态调试主要通过人的思维来分析源程序代码并进行排错。动态调试是辅助静态调试的，它通常利用程序语言提供的调试功能或专门的调试工具来分析程序的动态行为。程序语言和工具提供的调试功能一般有检查主存和寄存器及设置断点。所谓断点，即当执行到特定语句或改变特定变量的值时，程序停止执行，以便分析程序此时的状态。

软件调试的主要方法有强行排错法、回溯排错法、归纳排错法、演绎排错法和二分排错法等。

①强行排错法。该方法通过设置断点和监视表达式，造成程序暂停，并观察运行的状态。

②回溯排错法。该方法是确定最先发现错误症状的地方，人工沿程序的控制流往回追踪源程序代码，直到找到错误或范围。

③归纳排错法。归纳排错法是一种系统化的思考方法，也是一种从个别推断全体的方法。这种方法从线索（错误征兆）出发，通过分析这些线索之间的关系找出故障。

④演绎排错法。该方法设想可能的原因，并利用已有的数据排除不正确的假设，精化并证明余下的假设。

⑤二分排错法。该方法是已经知道每个变量在程序内部若干个关键点上的正确值，利用赋值语句或输入语句在程序中的关键点附近"注入"这些变量的正确值，然后检查程序的输出。如果输出结果是正确的，则表示错误在前半部分，否则可以认为错误在后半部分。这样反复进行多次，逐渐逼近错误位置。

习 题 五

一、选择题

1.计算机软件的确切含义是_____。

　A.计算机程序、数据与相应文档的总称

　B.系统软件与应用软件的总和

　C.操作系统、数据库管理软件与应用软件的总和

　D.各类应用软件的总称

2.计算机软件系统包括_____。

　A.程序、数据和相应的文档　　　　　B.系统软件、应用软件和支撑软件

　C.数据库管理系统和数据库　　　　　D.编译系统和办公软件

3.计算机系统应包括硬件和软件两部分，软件又必须包括_____。

　A.接口软件　　　B.系统软件　　　C.应用软件　　　D.支撑软件

4. 下列软件中,属于系统软件的是_____。

A. 航天信息系统　　　B. Microsoft Office　　　C. Windows 操作系统　　　D. 决策支持系统

5. 下列软件中,属于系统软件的是_____。

A. 用 C 语言编写的求解一元二次方程的程序

B. 工资管理软件

C. 用汇编语言编写的一个练习程序

D. Windows 操作系统

6. 下列软件中,属于系统软件的是_____。

A. Microsoft PowerPoint 2010　　　　　　B. Windows 7

C. Foxmail　　　　　　　　　　　　　　D. Netmeeting

7. 在所列出的①字处理软件,②Linux 操作系统,③Unix 操作系统,④学籍管理系统, ⑤Windows 10 操作系统,⑥Microsoft Office 这 6 个软件中,属于系统软件的是_____。

A. ①②③　　　　　B. ②③⑤　　　　　C. ①②③⑤　　　　　D. 全部都不是

8. 下列各组软件中,全部属于系统软件的一组是_____。

A. 程序语言处理程序、操作系统、数据库管理系统

B. 文字处理程序、编辑程序、操作系统

C. 财务处理软件、金融软件、网络系统

D. WPS,Microsoft Office 2010,Microsoft Excel 2010,Windows 10 操作系统

9. 计算机系统软件中,最基本、最核心的软件是_____。

A. 操作系统　　　　　　　　　　B. 数据库管理系统

C. 程序语言处理系统　　　　　　D. 系统维护工具

10. 软件系统中,具有管理软、硬件资源功能的是_____。

A. 程序设计语言　　　B. 字表处理软件　　　C. 操作系统　　　　D. 应用软件

11. 从用户的观点看,操作系统是_____。

A. 用户与计算机之间的接口

B. 控制和管理计算机资源的软件

C. 合理地组织计算机工作流程的软件

D. 由若干层次的程序按照一定的结构组成的有机体

12. 计算机操作系统的主要功能是_____。

A. 管理计算机系统的软硬件资源,以充分发挥计算机资源的效率,并为其他软件提供良好的运行环境

B. 把高级程序设计语言和汇编语言编写的程序翻译为计算机硬件可以直接执行的目标程序,为用户提供良好的软件开发环境

C. 对各类计算机文件进行有效的管理,并提交计算机硬件高效处理

D. 为用户提供方便地操作和使用计算机的方法

13. 计算机操作系统的主要功能是_____。

A. 对计算机的所有资源进行控制和管理,为用户使用计算机提供方便

B. 对源程序进行翻译

C. 对用户数据文件进行管理

D. 对汇编语言程序进行翻译

14. 计算机操作系统通常具有的 5 大功能是_____。

    A. CPU 管理、显示器管理、键盘管理、打印机管理和鼠标管理

    B. 硬盘管理、U 盘管理、CPU 管理、显示器管理和键盘管理

    C. CPU 管理、存储管理、文件管理、设备管理和作业管理

    D. 启动、打印、显示、文件存取和关机

15. 操作系统中的文件管理系统为用户提供的功能是_____。

    A. 按文件作者存取文件   B. 按文件名管理文件

    C. 按文件创建日期存取文件   D. 按文件大小存取文件

16. 对计算机操作系统的作用描述完整的是_____。

    A. 管理计算机系统的全部软硬件资源,合理组织计算机的工作流程,以充分发挥计算机资源的效率,为用户提供使用计算机的友好界面

    B. 对用户存储的文件进行管理,方便用户

    C. 执行用户键入的各类命令

    D. 为汉字操作系统提供运行的基础

17. 操作系统将 CPU 的时间资源划分成极短的时间片,轮流分配给各终端用户,使终端用户单独分享 CPU 的时间片,有独占计算机的感觉,这种操作系统称为_____。

    A. 实时操作系统   B. 批处理操作系统

    C. 分时操作系统   D. 分布式操作系统

18. 按操作系统的分类,Unix 操作系统是_____。

    A. 批处理操作系统   B. 实时操作系统

    C. 分时操作系统   D. 单用户操作系统

19. 下列软件中,不是操作系统的是_____。

    A. Linux 操作系统   B. Unix 操作系统

    C. Windows 操作系统   D. Microsoft Office

20. 构成计算机软件的是_____。

    A. 源代码   B. 程序和数据

    C. 程序和文档   D. 程序、数据及相关文档

21. 软件按功能可以分为应用软件、系统软件和支撑软件,下列属于应用软件的是_____。

    A. 编译程序   B. 操作系统   C. 教务管理系统   D. 汇编程序

22. 下列属于系统软件的是_____。

    A. 财务管理系统   B. 数据库管理系统

    C. Microsoft Word   D. 杀毒软件

23. 下列属于应用软件的是_____。

    A. 学生成绩管理系统   B. Unix 操作系统

    C. 汇编程序   D. 编译程序

24. 软件工程的三要素是_____。

    A. 方法、工具和过程   B. 建模、方法和工具

    C. 建模、方法和过程   D. 定义、方法和过程

25. 软件的生命周期是指_____。

    A. 软件产品从提出、实现、使用、维护到停用的过程

    B. 软件从需求分析、设计、实现到测试完成的过程

    C. 软件的开发过程

    D. 软件的运行维护过程

26. 软件的生命周期中的活动不包括_____。

    A. 市场调研   B. 需求分析   C. 软件测试   D. 软件维护

27. 软件的生命周期中,能准确地确定软件系统必须做什么和必须具备哪些功能的阶段是_____。

    A. 概要设计   B. 软件设计

    C. 可行性研究和计划制订   D. 需求分析

28. 数据流图中带有箭头的线段表示的是_____。

    A. 控制流   B. 事件驱动   C. 模块调用   D. 数据流

29. 数据字典所定义的对象都包含于_____。

    A. 数据流图   B. 程序流程图   C. 软件结构图   D. 方框图

30. 数据流图由特定的图符构成。下列图符名标识的图符不属于数据流图合法图符的是_____。

    A. 加工   B. 控制流   C. 数据存储   D. 数据流

31. 在软件开发中,需求分析阶段产生的主要文档是_____。

    A. 可行性分析报告   B. 软件需求规格说明书

    C. 概要设计说明书   D. 集成测试计划

32. 软件需求规格说明书的作用不包括_____。

    A. 软件验收的依据

    B. 用户与开发人员对软件要做什么的共同理解

    C. 软件设计的依据

    D. 软件可行性研究的依据

33. 下列不属于软件需求分析阶段主要工作的是_____。

    A. 需求变更申请   B. 需求分析   C. 需求评审   D. 需求获取

34. 在软件开发中,需求分析阶段可以使用的工具是_____。

    A. N-S 图   B. 数据流图   C. 问题分析图   D. 程序流程图

35. 下列不能作为结构化方法软件需求分析工具的是_____。

    A. 系统结构图   B. 数据字典

    C. 数据流图   D. 判断表

36. 下列不能作为软件需求分析工具的是_____。

    A. 问题分析图   B. 数据字典

    C. 数据流图   D. 判断树

37. 下列可以作为软件设计工具的是_____。
    A. 系统结构图　　　　　　　　　　B. 数据字典
    C. 数据流图　　　　　　　　　　　D. 甘特图

38. 在软件设计中不使用的工具是_____。
    A. 系统结构图　　　　　　　　　　B. 问题分析图
    C. 数据流图　　　　　　　　　　　D. 程序流程图

39. 下列不属于软件设计阶段任务的是_____。
    A. 软件的详细设计　　　　　　　　B. 软件的总体结构设计
    C. 软件的需求分析　　　　　　　　D. 软件的数据设计

40. 下列不属于软件开发阶段任务的是_____。
    A. 测试　　　　B. 可行性研究　　　　C. 设计　　　　D. 实现

41. 下列不属于软件开发阶段任务的是_____。
    A. 软件总体设计　　　　　　　　　B. 算法设计
    C. 制订软件确认测试计划　　　　　D. 数据库设计

42. 下列描述中错误的是_____。
    A. 系统总体结构图支持软件系统的详细设计
    B. 软件设计是将软件需求转换为软件表示的过程
    C. 数据结构与数据库设计是软件设计的任务之一
    D. 问题分析图是软件详细设计的表示工具

43. 软件设计中模块划分应遵循的准则是_____。
    A. 低内聚、低耦合　　　　　　　　B. 高内聚、低耦合
    C. 低内聚、高耦合　　　　　　　　D. 高内聚、高耦合

44. 耦合性和内聚性是对模块独立性度量的两个标准。下列叙述中正确的是_____。
    A. 提高耦合性、降低内聚性有利于提高模块的独立性
    B. 降低耦合性、提高内聚性有利于提高模块的独立性
    C. 耦合性是指一个模块内部各个元素间彼此结合的紧密程度
    D. 内聚性是指模块间互相连接的紧密程度

45. 程序流程图中带有箭头的线段表示的是_____。
    A. 图元关系　　　B. 数据流　　　C. 控制流　　　D. 调用关系

46. 某系统结构图如图 5.12 所示,该系统结构图的最大扇出数是_____。
    A. n　　　　　B. 1　　　　　C. 3　　　　　D. 4

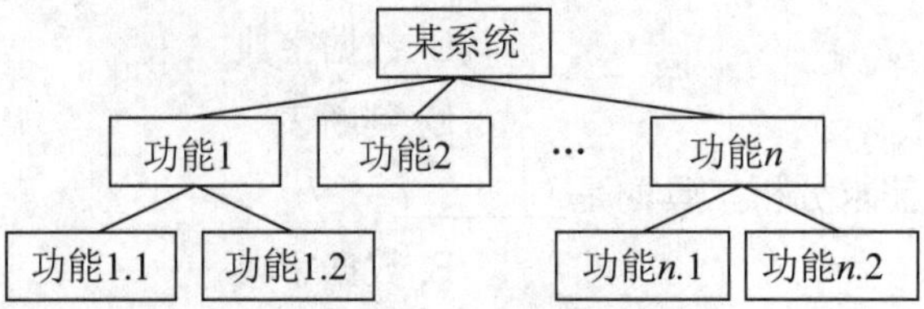

图 5.12　第 46 题图

47. 某系统结构图如图 5.13 所示,该系统结构图的宽度是_____。

    A. 2   B. 3   C. 4   D. n

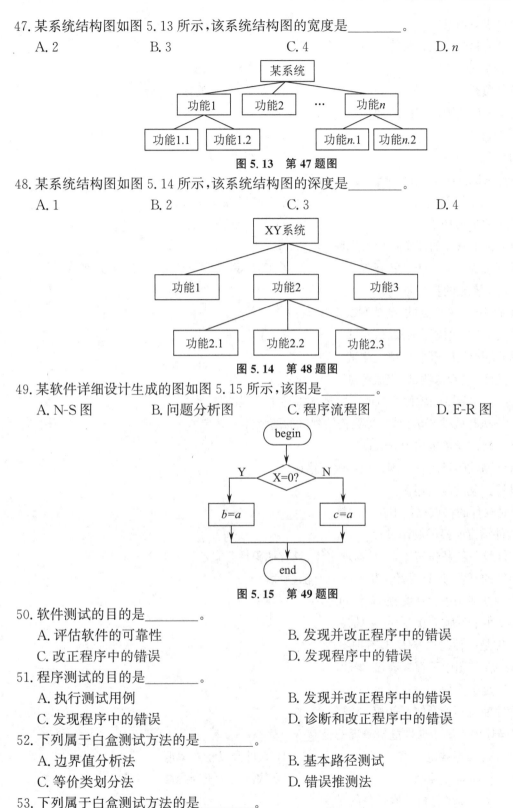

图 5.13 第 47 题图

48. 某系统结构图如图 5.14 所示,该系统结构图的深度是_____。

    A. 1   B. 2   C. 3   D. 4

图 5.14 第 48 题图

49. 某软件详细设计生成的图如图 5.15 所示,该图是_____。

    A. N-S 图   B. 问题分析图   C. 程序流程图   D. E-R 图

图 5.15 第 49 题图

50. 软件测试的目的是_____。

    A. 评估软件的可靠性   B. 发现并改正程序中的错误

    C. 改正程序中的错误   D. 发现程序中的错误

51. 程序测试的目的是_____。

    A. 执行测试用例   B. 发现并改正程序中的错误

    C. 发现程序中的错误   D. 诊断和改正程序中的错误

52. 下列属于白盒测试方法的是_____。

    A. 边界值分析法   B. 基本路径测试

    C. 等价类划分法   D. 错误推测法

53. 下列属于白盒测试方法的是_____。

    A. 边界值分析法   B. 逻辑覆盖

C. 等价类划分法　　　　　　　　　　　D. 错误推测法

54. 下列属于黑盒测试方法的是_____。

A. 边界值分析法　　　　　　　　　　　B. 基本路径测试

C. 条件覆盖　　　　　　　　　　　　　D. 条件-分支覆盖

55. 下列属于黑盒测试方法的是_____。

A. 语句覆盖　　　　　　　　　　　　　B. 逻辑覆盖

C. 边界值分析法　　　　　　　　　　　D. 路径覆盖

56. 在黑盒测试方法中,设计测试用例的主要根据是_____。

A. 程序内部逻辑　　　　　　　　　　　B. 程序外部功能

C. 程序数据结构　　　　　　　　　　　D. 程序流程图

57. 下列不属于软件测试实施步骤的是_____。

A. 集成测试　　　B. 回归测试　　　C. 确认测试　　　D. 单元测试

58. 软件测试实施的步骤是_____。

A. 集成测试、单元测试、确认测试

B. 单元测试、集成测试、确认测试

C. 确认测试、集成测试、单元测试

D. 单元测试、确认测试、集成测试

59. 下列对软件测试和软件调试的有关概念叙述中错误的是_____。

A. 严格执行软件测试计划,排除软件测试的随意性

B. 软件调试通常也称为 debug

C. 软件测试的目的是发现错误和改正错误

D. 设计正确的测试用例

60. 下列对软件的特点描述中错误的是_____。

A. 软件没有明显的制作过程

B. 软件是一种逻辑实体,不是物理实体,具有抽象性

C. 软件的开发、运行对计算机系统具有依赖性

D. 软件在使用中存在磨损、老化问题

61. 下列描述中不属于软件特点的是_____。

A. 软件是一种逻辑实体,具有抽象性

B. 软件在使用中不存在磨损、老化问题

C. 软件复杂性高

D. 软件使用不涉及知识产权

62. 下列描述中不属于软件危机表现的是_____。

A. 软件过程不规范　　　　　　　　　　B. 软件开发生产率低

C. 软件质量难以控制　　　　　　　　　D. 软件成本不断提高

63. 下列不属于需求分析阶段任务的是_____。

A. 确定软件系统的功能需求　　　　　　B. 确定软件系统的性能需求

C. 需求规格说明书评审　　　　　　　D. 制订软件集成测试计划

64. 软件需求分析阶段的主要任务是_____。

A. 确定软件开发方法　　　　　　　　B. 确定软件开发工具

C. 确定软件开发计划　　　　　　　　D. 确定软件系统的功能

65. 下列对软件测试的描述中错误的是_____。

A. 严格执行测试计划，排除软件测试的随意性

B. 随机地选取测试数据

C. 软件测试的根本目的是尽可能多地发现并排除软件中隐藏的错误

D. 软件测试是保证软件质量的重要手段

66. 下列不属于软件需求分析阶段工作的是_____。

A. 需求获取　　　　B. 需求计划　　　　C. 需求分析　　　　D. 需求评审

67. 在软件需求分析阶段中使用的工具是_____。

A. 系统结构图　　　B. 问题分析图　　　C. 数据流图　　　　D. 程序流程图

68. 某系统结构图如图 5.16 所示，该系统结构图的最大扇入数是_____。

A. 0　　　　　　　　B. 1　　　　　　　　C. 2　　　　　　　　D. 3

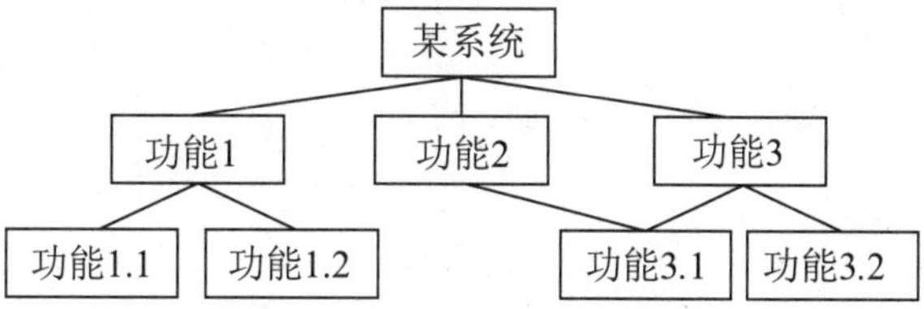

图 5.16　第 68 题图

69. 下列叙述中错误的是_____。

A. 软件测试的目的是发现错误并改正错误

B. 对被调试的程序进行"错误定位"是软件调试的必要步骤

C. 软件调试通常也称为 debug

D. 软件测试应严格执行测试计划，排除软件测试的随意性

70. 下列不属于黑盒测试方法的是_____。

A. 边界值分析法　　B. 基本路径测试　　C. 等价类划分法　　D. 错误推测法

二、思考题

1. 软件危机的主要表现是什么？

2. 软件工程的目标是什么？

3. 如何理解软件的生命周期？

4. 需求规格说明书的主要内容包括哪些？

5. 软件过程设计的主要工具有哪些？

6. 软件测试和软件调试的区别是什么？

习题参考答案

一、选择题

1. A	2. B	3. B	4. C	5. D	6. B	7. B	8. A	9. A	10. C
11. A	12. A	13. A	14. C	15. B	16. A	17. C	18. C	19. D	20. D
21. C	22. B	23. A	24. A	25. A	26. A	27. D	28. D	29. A	30. B
31. B	32. D	33. A	34. B	35. A	36. A	37. A	38. C	39. C	40. B
41. C	42. A	43. B	44. B	45. C	46. A	47. D	48. C	49. C	50. D
51. C	52. B	53. B	54. A	55. C	56. B	57. B	58. B	59. C	60. D
61. D	62. A	63. D	64. D	65. B	66. B	67. C	68. C	69. A	70. B

二、思考题

（略）

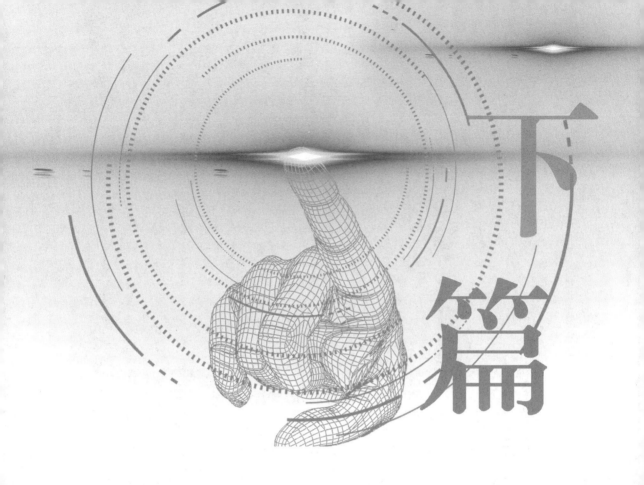

下篇

数字媒体理论基础

第6章
数字媒体技术

6.1 ▶ 图形图像技术

6.1.1 图形与图像

图形又称为矢量图。矢量图是根据几何特性来绘制图形的,矢量可以是一个点或一条线。矢量图只能靠软件生成,矢量图的图形文件包含独立的分离图形,可以自由无限制地重新组合。矢量图的特点是放大后图形不会失真,与分辨率无关,文件占用空间较小,适用于图形设计、文字设计和一些标志设计、版式设计等,图6.1所示是放大后的矢量图。

图 6.1 放大后的矢量图

图像又称为位图或点阵图像。位图由单个点(像素)组成,点可以进行不同的排列和着色以构成图样。位图用数字描述像素点的强度和颜色等信息,因此占用存储空间较大,一般要进行数据压缩。当放大位图时,可以看见赖以构成整个图像的无数单个方块,图像会产生锯齿,如图6.2所示。扫描仪、摄像机等输入设备捕捉实际的画面所产生的数字图像就是由像素点构成的位图。

图 6.2 放大后的位图

矢量图与位图的区别如表 6.1 所示。

表 6.1　矢量图与位图的区别

图像类型	组成	优点	缺点	常用的制作工具
矢量图	矢量	文件容量较小,在进行放大、缩小或旋转等操作时图形不会失真	不易制作色彩变化太多的图像	CorelDRAW 等
位图	像素	只要有足够多的不同色彩的像素,就可以制作出色彩丰富的图像,逼真地表现自然界的景象	缩放和旋转容易失真,同时文件容量较大	Photoshop、画图等

6.1.2　图像的基本属性

1. 像素和分辨率

像素和分辨率是图像的两个基本属性。通常所说的像素,就是显示器上显示光点的单位,它也用来衡量一幅图像的画面质量。单位长度(单位长度通常为 1 英寸,即 2.54 厘米)上所包含的像素的多少称为分辨率。分辨率有很多种,如图像分辨率、显示分辨率等。

①图像分辨率。图像分辨率指组成一幅图像的像素密度的度量方法,以像素/英寸表示。对同样大小的一幅图像,组成该图像的像素数目越多,说明图像分辨率越高,图像看起来就越逼真。反之,图像则显得越粗糙。在同样大小的图像上,图像分辨率越高,则组成图像的像素点越多;像素点越小,则图像的清晰度越高。

②显示分辨率。显示分辨率是显示器在显示图像时的分辨率,通常以像素/英寸来衡量。显示分辨率的数值是指整个显示器所有可视面积上水平像素和垂直像素的数量。例如,800×600 的显示分辨率是指在整个屏幕上水平显示 800 个像素,垂直显示 600 个像素。显示分辨率越高,像素的数目越多,图像越精密;而在屏幕尺寸一样的情况下,显示分辨率越高,显示效果就越精细和细腻;在相同大小的屏幕上,显示分辨率越高,图像显示就越小。

通常情况下,如果图像仅用于显示,可将其分辨率设置为 72 像素/英寸或 96 像素/英寸;如果图像用于打印输出,则应将其分辨率设置为 300 像素/英寸或更高。

2. 图像深度

图像深度是指存储每个像素所用的二进制位数,也用于度量图像的色彩分辨率。图像深度确定彩色图像的每个像素可能有的颜色数,或者确定灰度图像的每个像素可能有的灰度级数。它决定了彩色图像中可出现的最多颜色数,或者灰度图像中的最大灰度等级。例如,一幅灰度图像,若每个像素有 8 位,则最大灰度等级为 2 的 8 次方,即 256;一幅彩色图像 RGB 的 3 个分量的像素位数分别为 4,4,2,则最多颜色数目为 2 的 10 次方,即 1 024,就是说像素的深度为 10 位,每个像素可以是 1 024 种颜色中的一种。

3. 图像的色彩模式

色彩模式是数字世界中表示颜色的一种算法。为了表示各种颜色,人们通常将颜色划分为若干分量。常用的色彩模式有位图模式、灰度模式、RGB 模式、CMYK 模式、Lab 模式、HSB 模式等。

①位图模式。位图模式使用黑白两种颜色之一来表示图像中的像素。因为图像中只有黑白两种颜色,所以位图模式的图像也叫作黑白图像。当需要将彩色模式转换为位图模式时,必须先转换为灰度模式,再由灰度模式转换为位图模式。

②灰度模式。如果选择了灰度模式,则图像中没有颜色信息,色彩饱和度为 0,图像有 256 个灰度级别,从亮度 0(黑)到 255(白)。如果要编辑处理黑白图像,或将彩色图像转换为黑白图像,可以制定图像的模式为灰度。由于灰度图像的色彩信息都从文件中去掉了,因此灰度相对彩色来讲,文件大小要小得多。

③RGB 模式。RGB 是色光的色彩模式,R 代表红色,G 代表绿色,B 代表蓝色,3 种颜色叠加形成了其他的颜色。因为 3 种颜色都有 256 个亮度水平级,所以 3 种颜色叠加就可以形成约 1 670 万种颜色,也就是真彩色,从而再现绚丽的世界。在 RGB 模式中,由红、绿、蓝相叠加可以产生其他颜色,因此该模式也叫作加色模式。所有显示器、投影设备及电视机等都依赖于这种加色模式来实现。

④CMYK 模式。当阳光照射到一个物体上时,这个物体将吸收一部分光线,并将剩下的光线进行反射,反射的光线就是我们所看到的物体颜色。这是一种减色色彩模式,同时也是 CMYK 模式与 RGB 模式的根本不同之处。我们看物体的颜色时用到了这种减色色彩模式,并且在纸上印刷时应用的也是这种减色色彩模式。CMYK 代表印刷上用的 4 种颜色,其中 C 代表青色,M 代表品红色,Y 代表黄色,K 代表黑色。CMYK 模式通常用于彩色打印和印刷等领域,通过油墨对光的吸收和反射来产生不同的颜色效果。

⑤Lab 模式。Lab 模式是国际照明委员会(Commission International de I'Eclairage, CIE)于 1976 年公布的一种色彩模式。这种模式既不依赖于光线,也不依赖于颜料,它是国际照明委员会确定的一个理论上包括了人眼可以看到的所有颜色的色彩模式。Lab 模式弥补了 RGB 和 CMYK 两种色彩模式的不足。Lab 模式由 3 个通道组成,其中一个通道是亮度,即 L,另外两个通道是色彩通道,用 a 和 b 来表示。a 通道包括的颜色是从深绿色(低亮度值)到灰色(中亮度值)再到亮粉红色(高亮度值),b 通道则是从亮蓝色(低亮度值)到灰色(中亮度值)再到黄色(高亮度值)。因此,这种色彩混合后将产生明亮的色彩。Lab 模式所定义的颜色最多,且与光线及设备无关,处理速度与 RGB 模式同样快,比 CMYK 模式快很多。因此,可以在图像编辑中使用 Lab 模式。

⑥HSB 模式。HSB 模式是根据日常生活中人眼的视觉对色彩的观察而制定的最接近于人类视觉的一种色彩模式。HSB 模式所有的颜色都是用色彩三要素来描述的。其中,H 代表色相,是指从物体反射或透过物体传播的颜色。在标准色相环中,色相是按照位置度量的。色相由颜色名称标识,如黄、红、蓝等。S 代表饱和度,是指颜色的强度或纯度,表示色相中灰色成分所占的比例。低饱和度指颜色中灰色成分比较多,颜色灰暗,高饱和度指颜色中灰色成分比较少,颜色鲜艳。B 代表亮度,是指颜色的相对明暗程度。亮度为零时是黑色,亮度最大时色彩最明亮。

6.1.3　图像的文件格式及其转换

1. 图像的文件格式

(1)BMP 格式。

BMP 格式是一种与硬件设备无关的图像文件格式,使用范围广泛。它采用位映射存储格式,除了图像颜色深度可选以外,不采用其他压缩,因此所占用的空间较大。BMP 格式的图像颜色深度可选 1 bit,4 bit,8 bit 和 24 bit。BMP 格式是 Windows 环境中交换与图有关的数据的一种标准,在 Windows 环境中运行的图形图像软件都支持 BMP 格式。

（2）JPEG 格式。

JPEG 格式是最常用的图像文件格式。这是一种有损压缩格式,能够将图像信息压缩在很小的存储空间中,图像中重复或不重要的资料会被忽略,因此也容易造成图像数据的损伤。使用过高的压缩比例,将使最终解压缩后恢复的图像质量明显降低。如果希望获得高品质的图像,不宜采用过高的压缩比例。JPEG 格式压缩技术十分先进,它用有损压缩方式去除冗余的图像数据,可以用较少的磁盘空间得到较好的图像品质,且 JPEG 格式是一种很灵活的格式,具有调节图像质量的功能,允许用不同的压缩比例对文件进行压缩,支持多种压缩级别,压缩比通常在 10∶1 到 40∶1 之间。JPEG 格式压缩的主要是高频信息,对色彩的信息保存较好,适合应用于互联网,可减少图像的传输时间,同时这种图像格式也越来越多地被用作手机和数码相机拍摄照片的保存格式。

JPEG 格式是目前最流行的图像格式,PhotoShop 软件以 JPEG 格式存储时,提供 13 级压缩级别,以 0～12 级表示,其中 0 级压缩比最高,图像品质最差。即使采用细节几乎无损的 10 级压缩保存时,压缩比也可达 5∶1。通常采用 8 级压缩作为存储空间与图像质量兼得的最佳比例。JPEG 格式不适用于颜色很少、具有大块颜色相近区域的简单的图片,相对来说更适用于需要表现连续色调的图像。

（3）GIF 格式。

GIF 格式是 CompuServe 公司开发的一种图像文件格式。GIF 格式的数据是一种基于串表压缩算法的连续色调的无损压缩格式,其压缩率一般在 50% 左右。目前几乎所有的相关软件都支持 GIF 格式。GIF 格式的图像颜色深度从 1 bit 到 8 bit,即 GIF 格式最多支持 256 种色彩的图像。GIF 格式的另一个特点是在一个 GIF 文件中可以存储多幅彩色图像,把这些图像数据逐幅读出并显示到屏幕上,就可以构成一种最简单的动画。GIF 格式的优点是图像的显示速度要比其他格式的图像快。GIF 格式通常用来表现一些形式和色彩简单的图像,目前网页上看到的小图标和小动画多为 GIF 格式。

（4）PNG 格式。

PNG 格式是网络上支持的一种新兴图像文件格式。PNG 格式压缩比较高,能够提供大小比 GIF 格式小 30% 的无损压缩图像文件,且同时提供 24 位和 48 位真彩色图像支持,以及其他诸多技术性支持。PNG 格式可以设置不透明、半透明或完全透明的图像区域。PNG 格式在浏览器上采用流式浏览,适合网络传输和显示。

（5）PSD 格式。

PSD 是 Photoshop 的专用文件格式,支持图层、通道、蒙版和不同色彩模式的各种图像特征,是一种非压缩的原始文件保存格式,因此比其他格式的图像文件要大得多。由于 PSD 格式保留所有原图像的数据信息,因此修改起来较为方便。大多数排版软件不支持 PSD 格式的文件。

2. 图像文件的格式转换

由于图像文件的应用非常广泛,对图像文件的大小、质量等要求也不同,因此图像文件要经常进行格式的转换。图像文件的格式转换有两种办法:一是通过格式转换工具软件实现转换;二是通过图像编辑软件进行格式转换,即将要转换的文件打开,然后再另存为需要的目标格式。

6.2　音频技术

6.2.1　音频的数字化

自然界中的声音是由于物体的振动而产生的,通过空气传递振动,再将这种机械运动传递到人的耳膜而被人感知。听觉是人类感知自然的一种重要手段,所以音频也就成为多媒体范畴中一个重要部分。

自然界的声音经过麦克风后,机械运动被转化为电信号,这时的电信号由许多正弦波组成,其中正弦波的频率取决于声音中含有的频率。对于计算机,处理和存储的只可以是二进制所表示的数,因此需要在计算机处理和存储声音之前把这些电信号转换为二进制数,这个转换过程在电子技术中称为模数转换(analog-to-digital conversion,ADC)。模数转换的过程可以分成两个部分:第一部分是采样,第二部分是量化。经过模数转换过程(见图 6.3)处理后的音频电信号就变成了可以被计算机存储和处理的二进制序列,这个过程是在计算机的声卡中完成的。

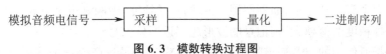

模拟音频电信号 ——→ 采样 ——→ 量化 ——→ 二进制序列

图 6.3　模数转换过程图

语音信号是典型的连续信号,其不仅在时间上是连续的,而且在幅度上也是连续的。在时间上"连续"是指在一个指定的时间范围内声音信号的幅值有无穷多个,在幅度上"连续"是指幅度的数值有无穷多个,模拟信号就是指在时间和幅度上都是连续的信号。

在某些特定的时刻对这种模拟信号进行测量叫作采样(sampling),由这些特定时刻采样得到的信号称为离散时间信号。采样得到的幅值是无穷多个实数值中的一个,因此幅度还是连续的。但是,对于固定位数的二进制数,只能表示有限的几个值,所以要把这些可能的幅值为无穷多个的采样数值取值的数目加以限定,这种由有限个数值组成的信号就称为离散幅度信号,这个过程就叫作量化,这样处理以后势必会带来误差,这个误差就是量化误差。例如,假设输入电压的范围是 0~1.5 V,并假设量化后二进制数为四位,这样只有 16 个采样值可以选取,它的取值只限定在 0,0.1,0.2,…,1.5 共 16 个值。如果采样得到的幅值是 0.323 V,它的取值就应算作 0.3 V,如果采样得到的幅值是 0.56 V,它的取值就应算作 0.6 V,这种数值就称为离散数值,得到离散数值的过程即为量化。数字信号就是指时间和幅度都用离散的数字表示的信号。模拟声音信号数字化的过程如图 6.4 所示。

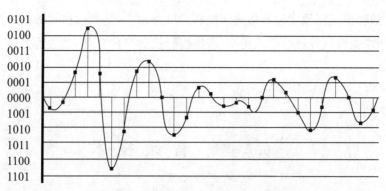

图 6.4　模拟声音信号数字化的过程

　　声音也是一种能量波,因此也有频率和振幅的特征,频率对应于时间轴线,振幅对应于电平轴线。采样的过程就是抽取某点的幅值,显然在 1 s 内抽取的点越多,获取的频率信息就更丰富。为了复原波形,一次振动中,必须有两个点的采样,并且人耳能够感觉到的最高频率为 20 kHz,因此要满足人耳的听觉要求,则需要每秒至少进行 40 k 次采样,即 40 kHz 采样频率,它表示每秒钟需要采集多少个声音样本。显然,在声音信号的数字化中,采样频率是一个重要概念。

　　目前通用的标准采样频率有 8 kHz,11.025 kHz,22.05 kHz,44.1 kHz 和 48 kHz,常见的 CD 采样频率为 44.1 kHz。仅有频率信息是不够的,还必须获得该频率的能量值并量化,用于表示信号强度,即采样精度。采样精度是指每个声音样本需要用多少位二进制数来表示,它反映出度量声音波形幅度值的精确程度。一个二进制位有 0 和 1 两种可能,则量化位数为 2 的整数次幂。常见的 CD 为 16 bit 的采样精度,即 2 的 16 次方。例如,对一个波进行 8 次采样,采样点对应的能量值分别为 A1～A8,但只使用 2 bit 的采样精度,则结果只能保留 A1～A8 中 4 个点的值而舍弃另外 4 个;如果使用 3 bit 的采样精度,则刚好记录下 8 个点的所有信息。采样频率和采样精度的值越大,则记录的波形越接近原始信号。

　　声道数是指所使用的声音通道的个数,它表明声音记录只产生一个波形(单音或单声道)还是两个波形(立体声或双声道)。虽然双声道听起来要比单声道丰满优美,但是双声道需要两倍于单声道的存储空间。

　　采样频率、采样精度和声道数对声音的音质和占用的存储空间起着决定性作用。根据声音的频带宽度,通常把声音的质量分成 5 个等级,由低到高分别是电话、调幅广播、调频广播、激光唱盘和数字录音带的声音,如表 6.2 所示。如果希望音质越高越好,存储空间越少越好,则显然是一对矛盾,因此必须在音质和存储空间之间进行折中。

表 6.2　采样频率、采样精度和声道数与数据量的对照

声音质量	采样频率/kHz	采样精度/bit	声道数	数据量/(MB/min)
电话	8	8	1	0.46
调幅广播	11.025	8	1	0.63
调频广播	22.05	16	2	5.05
激光唱盘	44.1	16	2	10.09
数字录音带	48	16	2	10.99

6.2.2　音频的文件格式及转换

1. 音频的文件格式

（1）脉冲编码调制（pulse code modulation，PCM）格式。

PCM 格式是一种将模拟音频信号变换为数字信号的编码方式，主要经过抽样、量化和编码 3 个过程。抽样过程将连续时间模拟信号变为离散时间、连续幅度的抽样信号；量化过程将抽样信号变为离散时间、离散幅度的数字信号；编码过程将量化后的信号编码成为一个二进制码组输出。PCM 格式最大的优点就是音质好，最大的缺点就是体积大。常见的激光唱盘就采用了 PCM 格式，一张激光唱盘可容纳约 70 min 的音乐信息。

（2）WAV 格式。

WAV 格式是微软公司开发的通用音频格式，也称为波形声音文件。WAV 格式对音频流的编码没有硬性规定，除了 PCM 格式之外，几乎所有支持 ACM（audio compression manager）规范的编码都可以为 WAV 格式的音频流进行编码。WAV 格式支持许多压缩算法，支持多种音频位数、采样频率和声道，可以达到较高的音质要求，是音乐编辑创作的首选格式。但是，这种格式需要很大的存储空间，不便于交流和传播。WAV 格式通常也被用作一种"桥梁"格式，用于其他编码格式的相互转换。

（3）MP3 格式。

MP3 是 moving picture experts group audio layer Ⅲ 的简称。MP3 格式利用了人耳的特性，削减音乐中人耳听不到的成分，可以做到 12∶1 的惊人压缩比，同时尽可能地维持原来的声音质量。

（4）MP3Pro 格式。

MP3Pro 格式与 MP3 格式相比最大的特点是在低至 64 kbps 的比特率下，仍然能够提供近似 CD 的音质。MP3Pro 格式在 MP3 格式的基础上专门针对原来 MP3 格式中损失的音频细节进行了独立编码处理并捆绑在原来的 MP3 格式上，在播放的时候通过再合成而达到良好的音质效果。

（5）WMA 格式。

WMA 是 windows media audio 的简称。WMA 格式以减少数据流量但保持音质的方法来达到更高的压缩率目的，其压缩率一般可以达到 1∶18。WMA 格式支持防复制功能，支持通过数字权利管理加入保护，可以限制播放时间和播放次数，甚至限制播放的机器，从而有力地防止盗版，保护版权。WMA 格式也可以支持网络流媒体技术，即一边读一边播放，因此 WMA 格式可以很轻松地实现在线广播。

（6）ASF 格式。

ASF（advanced streaming format）格式是一种支持在各类网络和协议上的数据传输的标准，支持音频、视频及其他多媒体类型。ASF 格式在录制时可以对音质进行调节，从而获得接近 CD 的音质。ASF 格式是压缩比较高的文件，可用于网络广播。

（7）RA/RM 格式。

RA（real audio）和 RM（real media）格式的特点是可以在非常低的带宽下（低至 28.8 kbps）提供足够好的音质，也可以根据带宽的不同而改变声音的质量，在保证流畅的前提下尽可能提高音质。RA/RM 格式不仅支持边读边放，而且支持使用特殊协议来隐匿文件的真实网络地址,从而实现只在线播放而不提供下载的播放方式。

(8)MIDI 格式。

MIDI 格式是记录 MIDI 音乐的文件格式。与波形文件相比较,它记录的不是实际声音信号采样、量化后的数值,而是演奏乐器的动作过程及属性,因此数据量很小。

(9)OGG 格式。

OGG 全称是 OGG Vorbis,是一种新的完全免费、开放源码和没有专利限制的音频压缩格式。OGG 格式支持多声道,可以在相对较低的数据速率下实现比 MP3 更好的音质。OGG 格式是一个音频编码框架,可以不断导入新技术逐步完善,文件可以在任何播放器上播放。

(10)AIFF 格式。

AIFF 格式是苹果公司在 Macintosh 平台上的标准音频格式,属于 QuickTime 技术的一部分。AIFF 格式虽然是一种很优秀的文件格式,但由于它是 Macintosh 平台上的格式,因此在 PC 平台上并没有得到很大的流行。

(11)APE 格式。

APE 格式是一种无损压缩格式,一般用 APE 或 MAC 为扩展名。这种格式的压缩比远低于其他格式,但能够做到真正无损,因此获得不少要求保真效果的用户的青睐。在现有不少无损压缩方案中,APE 格式是一种有着突出性能的格式,是交流音乐的主要选择。

(12)AU 格式。

AU 格式是一种主要在互联网上使用的多媒体声音格式。AU 格式是 Unix 操作系统下的数字声音格式,这种格式本身也支持多种压缩方式,但文件结构的灵活性比不上 AIFF 格式和 WAV 格式。目前可能唯一使用 AU 格式来保存音频文件的就是 Java 平台。

2. 音频的格式转换

音频文件的格式有很多,在音频的处理过程中,往往要进行各种格式之间的相互转换。音频格式的转换可以通过以下两种途径。

(1)通过常用软件实现转换。

常用软件指格式工厂、全能音频转换器、音频格式转换器等,这些工具能很方便地实现音频格式转换。例如,格式工厂就可以完成很多不同媒体格式之间的转换。当然,如果有专用的针对某些格式转换的工具也可以使用,以便获得更好的转换质量。例如,Power MP3 WMA Converter 是特别适用于 MP3,WMA,WAV,OGG,APE 音频文件相互之间格式转换的工具。

(2)通过音频编辑软件进行格式转换。

音频编辑软件都支持读取多种音频格式,这种转换方法比较简单,只需要将要转换的文件打开,然后再另存为需要的目标格式即可。

6.3　视　频　技　术

6.3.1　视频的数字化

视频的数字化就是将视频信号经过视频采集卡转换成数字视频文件。视频数字化的过程是将录像机、电视机、电视卡等模拟视频设备输出的模拟视频信号进行采集、量化和编码,一般由专门的视频采集卡来完成。视频采集卡不仅提供接口以连接模拟视频设备和计算机,而且具有把模拟信号转换成数字数据的功能。视频数字化的概念是建立在模拟视频占主角的时代,现在通过数字摄像机摄录的信号本身已是数字信号。数字视频的来源有很多,如摄像机、录像机、影碟机等视频源的信号。

视频的数字化特征主要包括播放时长、帧和帧速率等。根据视频观看时间,播放时长的单位是秒(s)。根据视频制作,播放时长的单位是帧。帧是视频的基础单位,每一帧对应一张图片或图像。帧速率是指每秒播放帧的数量,单位是帧每秒,也就是 fps。帧速率越高,视频越流畅。根据视频播放要求的不同,常见的帧速率有 24 fps,25 fps,30 fps,60 fps 等。

6.3.2　视频的文件格式及转换

1.视频的文件格式

视频文件可以分成影音文件和流媒体视频文件两类。常见的影音文件格式有 AVI,MOV,MPEG,DAT 等,常见的流媒体视频文件格式有 RM,RMVB,ASF,WMV,FLV 等。

(1)AVI 格式。

AVI 格式是由微软公司开发的一种数字音频与视频文件格式,只能有一个视频轨道和一个音频轨道。AVI 格式原先仅用于微软的视窗视频操作环境(microsoft video for windows,VFW),现在已被大多数操作系统直接支持。AVI 格式允许视频和音频交错在一起同步播放。但 AVI 格式没有限定压缩标准,即后缀名同为 AVI,却由不同的算法进行压缩,这就造成了 AVI 格式不具有兼容性。不同压缩标准生成的 AVI 文件,必须使用相应的解压缩算法才能将其播放出来,这就是有些 AVI 格式能够顺利播放,有些 AVI 格式则只有图像没有声音,甚至根本无法播放的原因。

(2)MOV 格式。

MOV 格式是苹果公司开发的一种音频与视频文件格式,用于保存音频和视频信息。MOV 格式具有跨平台、存储空间要求小等技术特点,因而得到业界的广泛认可,目前已成为数字媒体软件技术领域的事实上的工业标准。

(3)MPEG 格式。

MPEG 是 moving picture experts group 的缩写。MPEG 格式是运动图像压缩算法的国际标准,现已被几乎所有的计算机平台共同支持。MPEG 压缩标准是针对运动图像而设计的,其基本方法是:在单位时间内采集并保存第一帧信息,然后只存储其余帧相对第一帧发生变化的部分,从而达到压缩的目的。MPEG 格式的平均压缩比为 50∶1,最高可达 200∶1。

(4)RM 格式。

RM 格式是 realnetworks 公司开发的一种新型流式视频文件格式。RM 格式可以根据网络数据传输速率的不同制订不同的压缩比,从而实现在低速率的广域网上进行影像数据的实时传送和实时播放。目前,互联网上的网站利用该格式进行实况转播。

(5)RMVB 格式。

RMVB 格式的前身为 RM 格式,它是 realnetworks 公司所制订的音频与视频压缩规范。根据不同的网络数据传输速率而制订出不同的压缩比,即保证平均压缩比的基础上,采用浮动比特率编码的方式,将较高的比特率用于复杂的动态画面,而在静态画面中则灵活地转为较低的比特率,从而合理地利用比特率资源,使 RMVB 格式最大限度地压缩影片的大小,最终拥有近似 DVD 品质的视听效果。

(6)ASF 格式。

微软公司推出的 ASF 格式是一个在互联网上实时传播多媒体的技术标准。ASF 格式的主要优点包括本地或网络回放、可扩充的媒体类型、部件下载及扩展性等。

(7)WMV 格式。

WMV 格式是一种采用独立编码方式的在互联网上实时传播多媒体的技术标准,微软公司希望用其取代 QuickTime 之类的技术标准及 WAV 和 AVI 之类的文件扩展名。WMV 格式的主要优点在于可扩充的媒体类型、本地或网络回放、可伸缩的媒体类型、流的优先级化、多语言支持、扩展性等。

(8)FLV 格式。

FLV 格式是 Adobe 公司开发的一种流式视频格式。FLV 格式可以轻松地导入 Flash 中,几百帧的影片可以编码为两秒钟的视频信息,还可以流式播放。目前视频共享网站大多采用 FLV 格式,不提供下载地址,但可以通过各种工具进行下载。

(9)F4V 格式。

F4V 格式是 Adobe 公司为了迎接高清时代继 FLV 格式后推出的支持 H.264 的流媒体格式。与 FLV 格式相比较,F4V 格式容量更小、质量更高、画面更流畅,也更利于在网络上传播,已经被大多数主流播放器兼容。

(10)MKV 格式。

MKV 格式是一种全称为 Matroska 的新型多媒体封装格式,这种格式的视频文件在网络上出现很多,它可以在一个文件中集成多条不同类型的音轨和字幕轨,而且其视频编码的自由度也非常大。这种先进的、开放的封装格式具有非常好的应用前景。

2. 视频的格式转换

由于不同的播放器软件支持不同的视频文件格式的播放,手机、MP4、平板电脑等外部播放装置通常也只支持有限的视频格式,因此需要通过视频格式的转换解决视频播放的问题。另外,网络上传的视频也限制文件格式,通过视频格式转换器转换成规定的格式,就可以解决上传的问题。具有代表性的视频格式转换器有格式工厂、超级转换秀、MP4/RM 转换专家、魔影工场等。

6.4   动 画 技 术

6.4.1   动画的基本原理

所谓动画,实质上就是采用连续播放静止画面的方法,利用人眼视觉的滞留效应呈现出运动的效果。使用动画可以清楚地表现出一个事件的过程,或者展现一个活灵活现的画面。

按照图形、图像的生成方式可以把动画分为两种:实时动画和逐帧动画。

实时动画也称为算法动画,它是采用各种算法来实现运动物体的运动控制。逐帧动画也称为帧动画,它是通过计算机产生动画所需要的每一帧画面并记录下来,然后一帧一帧地显示动画的图像序列而实现运动的效果。

6.4.2　动画的文件格式

(1)AVI 格式。

AVI 格式目前主要用来保存电影、电视等影像信息,应用范围非常广泛。AVI 格式有时也会出现在互联网上,供用户下载、播放。

(2)GIF 格式。

GIF 格式主要用于图像文件的网络传输,目的是在不同的平台上交流使用,是互联网上 WWW 的重要文件格式之一。

(3)FLIC 格式。

FLIC 格式是 FLI 和 FLC 的统称,被广泛用于动画图形中的动画序列、计算机辅助设计和计算机游戏应用程序。

(4)SWF 格式。

SWF 格式基于矢量技术,采用曲线方程描述动画的内容,不是由点阵组成内容,因此在缩放时不会失真,非常适合描述由几何图形组成的动画。

(5)DIR 格式。

DIR 格式是 Director 的动画格式,是一种具有交互性的动画,可加入声音,其数据量较大,多用于多媒体游戏中。

第7章

数字媒体静态设计

7.1 数字媒体静态设计概述

7.1.1 数字媒体静态设计及其应用场景

1. 数字媒体静态设计及其特点

数字媒体静态设计是数字媒体领域中的一个分支,主要涉及静态数字作品的创作和设计,如平面媒体、网页、图标、产品界面等。静态设计作品的特点是它们不会像动画或视频那样动态变化,而是以静态形式存在。

数字媒体静态设计的特点主要包括以下几个方面。

①静态性。数字媒体静态设计的作品是静态的,不会像动画或视频那样动态变化。

②数字化。数字媒体静态设计是通过数字技术进行创作的,作品可以以数字形式存储和传输。

③可编辑性。数字媒体静态设计的作品可以通过数字编辑软件进行修改和调整,方便设计师进行创作和修改。

④交互性。数字媒体静态设计的作品可以通过交互方式与用户进行互动,如点击、滑动等操作,提高用户体验。

⑤视觉效果。数字媒体静态设计的作品可以通过各种数字技术实现丰富多彩的视觉效果,吸引用户的注意力。

⑥可扩展性。数字媒体静态设计的作品可以通过各种数字技术进行扩展和升级,如添加特效、动态背景等。

2. 数字媒体静态设计的应用场景

数字媒体静态设计的应用场景非常广泛,主要包括以下几个方面。

①广告和宣传。如图 7.1 所示,数字媒体静态设计可用于设计海报、宣传册、广告牌等,以吸引目标受众的注意力。

图 7.1　广告和宣传

图 7.2　产品包装设计

图 7.3　电子书和电子杂志设计

②产品包装设计。如图 7.2 所示,数字媒体静态设计可用于设计产品的包装,包括标签、盒子、瓶子等,以吸引消费者并提高产品的价值。

③电子书和电子杂志设计。如图 7.3 所示,数字媒体静态设计可用于设计电子书和电子杂志的页面和布局,以提高读者的阅读体验。

④展览和展示设计。数字媒体静态设计可用于设计展览和展示的布局及展示板,以突出展品的特点和价值。

⑤网站和应用程序设计。如图 7.4 所示,数字媒体静态设计可用于创建网站和应用程序的用户界面,包括图标、按钮、菜单、布局等。

图 7.4　网站和应用程序设计

图 7.5　品牌形象设计

⑥品牌形象设计。如图 7.5 所示,数字媒体静态设计可用于创建和维护品牌的视觉形象,包括标志、名片、徽章等。

⑦游戏界面设计。如图 7.6 所示,数字媒体静态设计可用于设计游戏的各种界面,包括菜单、角色、道具等,以提高游戏的可玩性和用户体验。

⑧插图和图形设计。如图 7.7 所示,数字媒体静态设计可用于创作各种插图和图形,包括插画、漫画、图形、图标等,以表达特定的主题或情感。

图 7.6　游戏界面设计

图 7.7　插图和图形设计

7.1.2　数字媒体静态的设计流程

数字媒体静态设计是一种将创意概念转化为设计作品的过程,该过程分为以下几个主要步骤:需求沟通、需求分析、创意构思、草图设计、数字制作、细节调整和输出成品。每个步骤都非常重要,只有仔细考虑和执行每个步骤,才能确保最终设计作品能够达到最佳的视觉效果并满足客户的需求。

需求沟通:需求沟通包括沟通营销目的、使用媒介、目标用户及收集资料信息。在这个阶段,设计师需要理解客户的需求,并将这些需求转化为具体的设计要求。需求沟通过程中,设计师需要搭建沟通渠道,以便与客户充分交流,了解他们的业务背景、目标受众、品牌形象及其风格要求等因素。只有深入了解客户的要求,才能为客户提供最有效的解决方案,并在后续的设计阶段中有效地执行它们。

需求分析:需求分析包括头脑风暴、竞品分析、调研参考、确定尺寸。头脑风暴要根据沟通进行分析,竞品分析需要找同行业分析参考,调研参考往往要用到资料库与网络搜索,最后根据实际应用确定尺寸。

创意构思:在创意构思阶段,设计师需要考虑简洁、具有吸引力和友好的设计。在这个阶段,设计师需要确定设计的主题、风格、色彩和布局等元素。这些元素需要考虑整体风格的协调性,同时要注意可读性和用户友好性。这是一个面向客户建议的阶段,设计师应该向客户提供不同的设计选项并根据其反馈不断调整和完善。

草图设计:草图设计是为目标受众或目标观众定制的设计。在这一阶段,设计师需要使用简单的工具(如铅笔和纸)或数字工具(如 Adobe Illustrator 或 Photoshop)来勾勒出设计的大致框架和布局。设计师需要确定哪些元素在设计中提供最大价值,同时保持整体性,并进行必要的排版和布局调整。草图设计是一遍又一遍的磨合,但是它们为最终设计的诞生打下基础,图 7.8 所示就是设计师设计的一些草图。

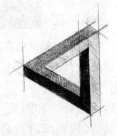

图 7.8　设计师设计草图

数字制作:数字工具和技术是数字制作阶段的基础,主要涉及使用各种工具和技术来创建最终的设计作品。设计师需要选择合适的字体来配合设计元素,在色彩的选择方面,设计师应该根据品牌及目标受众选择适合的色彩搭配,同时考虑可读性和视觉效果等因素。在这一阶段,设计师还需要插入图片和其他元素,完成整个视觉效果。

细节调整:当数字制作完成后,设计师需要对设计作品进行微调,以达到最佳的视觉效果。在这个阶段,设计师通过对颜色、字体、大小、位置等的微调,使设计作品更加完美,同时准确呈现出客户要求的要素。

输出成品:输出成品就是将最终的设计作品输出为成品,如印刷品、网页、应用程序等。在这个阶段,设计师需要确保作品在输出后能够保持其原始的质量和风格,同时还应该考虑到不同媒介的输出格式和要求,以确保最终输出的作品具有最佳的视觉效果和用户体验。

在数字媒体静态设计过程中,每个步骤都需要细心和耐心,以确保最终的作品能够满足客户的需求并达到最佳的视觉效果。除此之外,在每个步骤中,设计师需要按照各种设计原则进行操作,如视觉平衡、层次结构、颜色搭配、字体对比和关注焦点等,力求让设计作品更加完美。

7.2　色 彩 构 成

7.2.1　色彩构成

色彩构成(color composition)即色彩的相互作用,是从人对色彩的知觉和心理效果出发,用科学分析的方法把复杂的色彩现象还原为基本要素,利用色彩在空间、量与质上的可变幻性,按照一定的规律去组合各构成之间的相互关系,再创造出新的色彩效果的过程。色彩构成是艺术设计的基础理论之一,它与平面构成及立体构成有着不可分割的关系,色彩不能脱离形体、空间、位置、面积、肌理等而独立存在。

1. 色彩三要素

色彩三要素包括色相、饱和度、亮度。色相就是色彩相貌,有红、橙、黄、绿、蓝、紫,如图 7.9 所示。饱和度就是纯度,是色彩的艳丽程度。亮度是照亮物体表面光的强度。我们可以通过色相环将颜色进行搭配。如图 7.10 所示,色相与色相之间角度越近,对比就越弱,角度越远,对比就越强。所谓配色就是色彩搭配组合,达到感官认同。色彩搭配包括 4 个步骤:首先确定画面主色调,主要考虑画面整体色彩定位,确定画面大面积的色相;其次确认辅助色,根据主色选择对比色搭配,选择强对比或弱对比搭配;然后设定色彩面积,根据画面造型区分面积比例;最后添加点缀色,选择其他颜色与主色或辅助色进行调和。色彩搭配要依据主色 70%,辅助色 25%,点缀色 5%的原则。

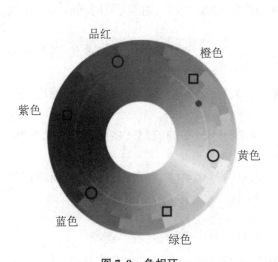

图 7.9　色相环

配色方法包括以下几种。

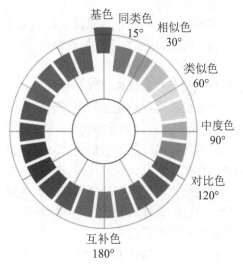

图 7.10　色相环 360°

①单色搭配,通过改变主色的饱和度与亮度进行色彩搭配,最终很像单色画。

②同类色搭配,在色相环上基色的同类色范围内选择色彩搭配。图 7.11 所示是同类色搭配,有一定的色相区别。

③相似色搭配,在色相环上基色的相似色范围内选择色彩搭配,画面具有一定对比关系。图 7.12 所示是相似色搭配。

④中度色搭配,在色相环上基色的中度色范围内选择色彩搭配,属于强对比,主色与辅助色对比增强。

⑤互补色搭配,在色相环上基色的互补色范围内选择色彩搭配,是对比色的一种特例,两个颜色对比最强(见图 7.13)。例如,宜家的标志以蓝色为主,黄色为辅助色。为了突显宜家品牌的视觉识别系统,"宜家标准"规定了全球员工统一着装,并且宜家员工的工服以宜家标志的底色——蓝色为主色调,配以"IKEA"的黄色为辅助色,强烈体现出工服的视觉效果。

图 7.11　同类色搭配

图 7.12　相似色搭配

图 7.13　互补色搭配

2. 色彩的内涵

红色的正面联想包括爱情、能量、热心、喜庆、活力、力量等,负面联想包括侵略、愤怒、战争、残忍、危险等。

橙色的正面联想包括温暖、鼓舞、能量、活跃、成熟、健康、活力、时尚、明朗、创造力、愉悦等,负面联想包括粗鲁、妒忌、焦躁等。

黄色的正面联想包括聪明、才智、乐观、光辉、喜悦、泼辣、光明、明媚、理想主义等,负面联想包括色情、腐烂、低俗、欺骗、警告等。

绿色的正面联想包括和平、安全、生长、新鲜、成功、自然、和谐、诚实、青春等,负面联想包括贪婪、嫉妒、恶心、缺乏经验等。

蓝色的正面联想包括信赖、忠诚、学识、凉爽、和平、正义、平静、智慧、悠久、理想、永恒等,负面联想包括消沉、寒冷、冷漠、抑郁等。

紫色的正面联想包括优雅、高贵、神秘、奢华、想象、智慧、灵感、财富、高尚等,负面联想包括夸大、忧郁、疯狂、消极等。

3. 色彩的视觉效果

色彩对视觉的冲击作用主要体现在以下几个方面。

①互补色对比。互补色是指位于色相环上相对位置的两种颜色,如红色和绿色、蓝色和橙色等。这种对比色的组合非常强烈,能够产生强烈的视觉冲击力。在设计中,可以将互补色用

于背景和前景的搭配,或者在配色方案中使用互补色来突出重点元素。

②明暗对比。明暗对比是指通过明暗的差异来产生视觉冲击力。在设计中,可以通过调整色彩的明暗程度来增强对比效果,还可以通过使用不同轻重的色彩来创造不同的视觉效果。将画面的主副关系设计好,形成一定虚实关系,让画面看起来是一张照片,在统一光源下形成明暗关系。例如,在插画设计中,可以使用明亮的色彩和暗淡的色彩相结合,使插画更加具有立体感和层次感。此外,还可以通过调整光源的位置和强度来改变明暗对比,进一步增强视觉冲击力。

③色彩的饱和度。高饱和度的色彩通常更加鲜艳、明亮,能够吸引人们的注意力。在设计中,可以通过调整色彩的饱和度来创造不同的视觉效果。例如,在广告设计中,可以使用高饱和度的色彩来突出产品特点,吸引消费者的注意力。

④色彩的冷暖。色彩的冷暖是指色彩的温度感觉。如图 7.14 所示,冷色系通常给人以冷静、沉稳的感觉。而暖色系则给人以热烈、活力的感觉(见图 7.15)。在设计中,可以通过使用不同冷暖的色彩来创造不同的情感表达和氛围。例如,在室内设计中,可以使用温暖的色彩来营造温馨、舒适的氛围。

图 7.14 冷色系搭配   图 7.15 暖色系搭配

⑤色彩的轻重。色彩的轻重是指色彩的重量感、体积感。浅色系通常给人以轻盈、飘逸的感觉,而深色系则给人以沉重、稳重的感觉。例如,在包装设计中,可以使用浅色系来突出产品的轻盈感,增强消费者的购买欲望。

7.2.2 色彩构成与设计的关系

色彩构成在现代设计领域已经成为一个不可或缺的组成部分。它不仅仅是一种单纯的视觉形式,还是一种情感和感知的传达方式。正如大多数人所感受到的那样,颜色对人们的感知和情感产生了直接而深刻的影响。因此,深入了解色彩构成的知识和技巧对设计师来说变得至关重要。在视觉传达设计领域,色彩构成是相当显著的,因为它可以帮助设计师传达设计的意图和效果。色彩搭配的合理运用可以使得视觉效果更加生动、鲜明,同时也可以增加作品的艺术表现力和感染力。良好的色彩构成就像是一首优美的乐曲,可以轻松地打动人们的心弦。在产品设计领域,色彩构成同样具有不可或缺的作用。产品色彩的合理搭配和使用可以极大地提高产品的美观度和市场竞争力。例如,在手机设计中,合理的色彩搭配可以使得产品的视觉效果更加出众,突出产品的造型和外观。同时,色彩也经常被用来代表品牌的形象和特点。在环境艺术设计中,色彩构成同样扮演着非常重要的角色。通过色彩的合理规划和运用,可以创造出令人愉悦的、具有舒适感的环境氛围。例如,在商场等公共场所的装修设计中,色彩的运用可以有效地提升消费者的购物体验,吸引更多的消费者。但是,在运用色彩构成时也需要注意,过度使用和不恰当的搭配会导致设计效果大打折扣。设计师需要综合考虑文化、地域、群体等因素,才能在一定程度上达到最佳的设计效果。

首先,色彩构成是设计的基础理论之一。在设计中,色彩的运用是非常重要的,它能够影响人们的心理感受和生理反应,从而影响设计的整体效果。色彩构成通过还原自然中的色彩现象,对受众感知、心理产生刺激,满足人们的审美需求。同时,色彩构成还可以利用空间、质、量等的可变幻性,重组各要素关系,从而呈现丰富多样的效果。

其次,色彩构成能够提升设计的品质。通过合理的色彩搭配和运用,可以使设计作品更加生动、鲜明、有层次感,增强作品的艺术表现力和感染力。同时,色彩构成也能够增强作品的视觉冲击力,吸引人们的注意力,提高作品的认知度和记忆度。

最后,色彩构成在设计中也有实际的应用价值。例如,在平面设计中,可以通过色彩的对比、调和、明暗、饱和度等手段来调整画面的整体效果和视觉层次感;在产品设计中,可以通过对产品外观颜色的合理搭配和使用,提高产品的美观度和市场竞争力;在环境艺术设计中,可以通过对环境颜色的合理规划和运用,创造出和谐、优美、舒适的环境氛围。

综上所述,色彩构成与设计之间存在着密切的关系,它能够提升设计的品质和应用价值。因此,在设计中合理运用色彩构成的知识和技巧,可以创造出更加优秀的设计作品。色彩构成需要设计师进行充分的研究和了解,才能在设计的过程中充分地发挥其实力。具备色彩构成知识和技巧的设计师可以更好地传达设计意图和效果,并能够创造出更加优秀、令人惊艳的设计作品。

7.3 平面构成

7.3.1 平面构成的基本概念

平面设计是根据设计主题和视觉要求,在预先设定的有限版面内,运用造型要素和形式原则,将文字、图片、图形及色彩等视觉传达信息要素,进行有组织的、有目的的排列组合的设计行为与过程。

版面构成要素包括主体、文案、点缀及背景。主体是视觉焦点,主导着整个设计,可以是人、物、文字、图片等。主体是整个版面最吸引人的部分,相当于主角的作用。文案是对主体的辅助说明或引导。点缀是装饰元素,可有可无,具体根据版面需要。好的点缀元素能够渲染气氛。背景可分为纯色、彩色肌理、图片、图形等。

1. 平面构成要素

(1)点、线、面的基本概念。

平面构成是一种视觉艺术设计的基础理论,它使用抽象的元素和构成规则,在平面上创造具有形式感的视觉效果。具体来说,平面构成涉及点、线、面等基本元素的排列、组合、变换等,以形成具有秩序感、动态感、立体感等不同效果的平面视觉形象。

平面构成要素包括点、线、面。点是平面构成中最基本的元素,可以是文字,也可以是一个色块,还可以是一个面积,是对比出来的,通过大小、虚实方法进行表现。点可以活跃版面,起到提示作用、烘托画面气氛、丰富画面层次等。线是有长度和位置的,没有宽度和厚度。点移动即为线,点放大即为面。线可以引导视觉走向,串联视觉元素,起到强调作用。横线有延伸感,竖线有垂直感,斜线有灵动感,曲线有柔美感。面是主体,构成形态为圆形、方形、三角形及多边形。

(2)点、线、面融入情感设计场景。

点、线、面在设计中创造情感气氛的方式多种多样,它们可以通过不同的形态、排列和组合,来表达不同的情感气氛,以下是一些具体的例子。

点可以通过大小、位置和密集度的变化,来表达不同的情感气氛。例如,大点可以给人以力量和活力的感觉,而小点则可以营造出细腻和精致的氛围。此外,将点密集地排列在一起,可以形成一种视觉上的冲击力,让人感受到紧张和兴奋的情感(见图 7.16)。

线的形态和方向可以传达不同的情感气氛。例如,直线可以代表力量和速度,让人感到紧张和动感;而曲线则可以表达柔和与优美的感觉,让人感到舒适和愉悦。此外,线的粗细和颜色也可以影响情感的表现,如粗线可以显得厚重和沉稳,而细线则更加轻盈和灵动(见图 7.17)。

面的形态、颜色和纹理可以营造出不同的情感气氛。例如,大面积的色块可以给人以壮丽和雄伟的感觉,而小面积的色块则更加细腻和精致。此外,面的颜色和纹理也可以传达情感,暖色调可以让人感到温馨和舒适,而冷色调则让人感到冷静和理性(见图 7.18)。

图 7.16　点设计活跃版面　　　图 7.17　线设计传达不同情感　　　图 7.18　面设计传达情感

总的来说,点、线、面在设计中创造情感气氛的方式是多种多样的,它们可以通过不同的形态、排列和组合,来表达不同的情感气氛。设计者需要根据具体的设计需求和目标受众,选择合适的点、线、面的组合方式,以达到最佳的情感表达效果。

2. 平面设计中的重复与变异

平面构成的目的在于培养设计者的形式感、抽象思维和创造能力,使他们在设计中能够更好地运用元素的排列、组合和变换等技巧,通过不同的方式来创造具有秩序感和变化感的视觉效果,从而增强设计作品的吸引力和表现力,以达到更好的视觉效果,这种方式称为重复与变异的设计手法。

(1)重复与变异的基本概念。

重复是指在一个画面中使用一个形象或两个以上相同的基本形进行平均的、有规律的排列组合。它可以利用相同重复元素来进行形象、方向、位置、色彩和大小的重复构成,从而增强画面的秩序感和统一感。重复的分类包括形象的重复、大小的重复、方向的重复、位置的重复和中心的重复等(见图 7.19)。

图 7.19　重复设计　　　　　　　　　　图 7.20　变异设计

变异是指在重复的基础上进行的轻度变化,变异没有重复那样的严谨规律,但也不失秩序感。变异可以通过改变基本形的形状、色彩、方向等来产生局部的变化,但又不失大型相似的特点。相对于重复,变异更加灵活和生动,能够引发观众的好奇心和注意力(见图 7.20)。

(2)重复与变异的应用场景。

①形状的重复。在平面设计中,可以通过重复使用相同或相似的图形元素来创建视觉冲击力,这些图形元素可以是形状、线条、符号、图像等。通过重复相同的图形元素,可以强调品牌标识、增强视觉效果、引导观众的视线等。

②大小的重复。大小的重复是指使用不同大小的元素进行重复排列。通过大小的重复,可以创造出层次感、立体感和空间感,增强视觉效果。

③方向的重复。方向的重复是指使用相同或相似的图形元素,按照一定的方向进行排列。通过方向的重复,可以创造出动态感、流动感和节奏感,引导观众的视线。

④色彩的重复。色彩的重复是指使用相同或相似的色彩进行重复排列。通过色彩的重复,可以创造出和谐统一感、强调重点信息、引导观众的视线等。

图 7.21 所示就是利用重复进行的应用场景设计。

①局部变异。局部变异是指在整体设计中,对某一部分的元素进行变化或调整,以打破重复的单调感。例如,在海报设计中,可以通过局部变异的手段,将标题或图形进行变化,以吸引观众的注意力。

②对比变异。对比变异是指通过对比不同元素之间的差异来创造变化。例如,在平面设计中,可以通过对比颜色、形状、大小、方向等方面的差异,来创造视觉冲击力。

③动态变异。动态变异是指通过动态效果的运用来创造变化。例如,在网页设计中,可以通过动态图标的运用、动态文字的流动等手段来打破静态的单调感,增强视觉冲击力。

图 7.22 所示就是利用变异进行的应用场景设计。

图 7.21　重复设计应用场景　　　　　　　图 7.22　变异设计应用场景

总的来说,重复与变异是平面设计中的重要手段。通过合理地运用重复与变异,可以创造出具有秩序感和变化感的视觉效果,增强设计作品的吸引力和表现力。

7.3.2　平面构成与设计的关系

平面构成与设计之间存在着密切的关系。平面构成是设计的基础和核心,它通过点、线、面等基本元素的排列和组合,创造出具有形式美感的图案。设计则是以二维空间为媒介,通过图形、文字、色彩等元素,传达设计师的理念和信息。

平面构成在设计中的作用主要体现在以下几个方面。

①提供理论和技术支持。平面构成研究形式美、规律、构成元素的特性和组合方式,使设计师了解形式美法则在平面设计中的应用,提高设计者的审美能力和设计水平。同时,平面构成也为设计师提供了多种设计方法和技术,如重复、渐变、放射、立体构成等。

②促进创意和表现。平面构成中的构成元素和构成规则可以激发设计师的创意和灵感,帮助他们从不同的角度和切入点思考设计问题,从而创造出更加独特和新颖的设计作品。同时,平面构成中的构成元素和设计元素的排列组合,也可以帮助设计师更好地表现和传达设计的主题和意义。

③建立视觉识别系统。平面构成中的基本元素和构成规则可以用来建立品牌的视觉识别系统,如标志、标准色、字体等。通过这些元素的组合和应用,可以创造出独特的品牌形象,增强品牌的识别度和记忆度。

总之,平面构成与设计之间存在着密切的关系,平面构成为设计提供了理论和技术支持,促进创意和表现,同时也可以建立视觉识别系统。因此,在设计中合理运用平面构成的理论和方法,可以帮助设计师创造出更加优秀的设计作品。

7.3.3　版式设计

1.版式设计的构图法则

版式设计的构图法则包括左右版式、矩形版式、圆形版式、中轴版式、对角版式、分割版式、三角版式、并置版式、聚散版式。

左右版式指将版面内容按照左右两个方向进行划分和布局。在这种设计中,文字和图像元素合理地分布在版面的左右两侧,形成两个相对独立但又相互关联的视觉区域。左右版式通常包括左图右文、左文右图、信息对等、同等重要等。

矩形版式指运用矩形元素作为版面布局的基本单位,将版面内容划分为不同大小和位置的矩形区域,从而进行信息的组织和呈现。这种设计方式简洁明了,易于阅读,同时具有很强的适应性和灵活性(见图 7.23)。

圆形版式指在版面设计中以圆形或圆形元素作为布局的基本单位,通过圆形元素的组合、排列和变化,形成独特的视觉构图。这种设计方式可以打破传统的矩形框架束缚,为版面带来一种新颖、活泼和富有动感的视觉效果(见图 7.24)。

图 7.23　矩形版式

图 7.24　圆形版式

中轴版式是一种非常重要的设计方式。这种设计方式主要利用中轴对称的原理,将图形进行水平或垂直方向的处理,并在适当的位置安排文字,使画面呈现稳定、规整、醒目和大方的视觉效果。在中轴版式中,主题元素通常放置在版面的水平线或垂直线的中轴位置。这样的布局方式使得主题元素的重要性突出,整个版面能够给人以强烈的视觉冲击力。

对角版式是一种独特的排版方式,其基本特征是将版面分为两个或多个对角线方向的区域,从而使设计看起来更加富有动感和层次感。这种设计方式可以在各种场合下使用,如杂志、报纸、海报、名片、网站和应用程序等。

分割版式是版式设计中常用的设计手法,它通过将版面划分为不同的区域或部分,以优化内容的组织和呈现,从而提高视觉层次感和信息传递效率。分割版式的特点在于其能够将复杂的版面内容进行有序的分割和整合,使各部分内容在视觉上形成对比和呼应。分割版式可以采用多种方式,如水平分割、垂直分割、自由分割等,以适应不同的设计需求和内容特点。在分割版式中,通常会遵循一定的比例和法则,如黄金分割法、数列法、线性分割法或骨骼分割法等,以确保版面的平衡和和谐。通过合理的分割和配置,可以使图片和文字等元素在版面上形成有机的整体,增强版面的视觉效果和吸引力(见图 7.25)。

三角版式是一种将图文等信息呈三角形结构进行编排的设计方式。这种设计方式主要基于三角形的特性,即稳定性和动态感并存。三角形本身是一种稳定且具有动态感的形状,在版式设计中可以为元素之间的结构关系提供视觉上的支撑,同时又不会显得单调和呆板。通过调整三角形的大小、角度和位置,可以在视觉上产生错觉和增强元素之间的层次感,形成更加具有层次感的排版效果。三角版式设计有正三角版式和倒三角版式两种常见的类型(见图 7.26)。

图 7.25　分割版式

图 7.26　三角版式

并置版式也是一种常见的版面布局方式,其特点是将内容分为两栏或多栏并列排布,每一栏独立显示不同的信息。这种设计方式通过将相关的内容放在同一行或同一页面上,使用户能够更快速地获取所需信息,提高用户体验。并置版式的优势在于它能够充分利用版面的空间,通过分栏并置的方式,使信息内容得到更加有序的排列和呈现。同时,这种设计方式还能够突出不同信息之间的对比和关联,使用户更加清晰地理解信息的层次和逻辑关系(见图 7.27)。

聚散版式是一种独特的视觉表达方式,它通过合理安排版面中的元素,使其形成明显的聚散对比效果,从而达到引导视线、强调重点、营造氛围等目的。在聚散版式中,设计师会根据设计主题和视觉需求,将版面中的元素进行有规律的排列组合,使其在布局结构上呈现出疏密有致的视觉状态。其中,聚指的是元素紧密聚集在一起,形成一个或多个视觉焦点,从而吸引观众的注意力;散则是指元素相对分散,形成较为宽松的空间感,与聚形成对比,增强版面的空间感和层次感(见图 7.28)。

图 7.27　并置版式

图 7.28　聚散版式

2. 版式设计的四大原则

版式设计的原则包括对比、亲密、对齐、重复。

对比可以突出重点,增强视觉形成反差。通常有颜色对比、明暗对比、大小对比、粗细对比、字体对比等。对比需要避免页面上元素太过相似,如果元素不同,那就让它们截然不同,让重要的内容引人注目,让使用者看到这些元素。

亲密通常指层次分明,相似、相同、相关靠近,合理利用间距留白。亲密应让彼此相关的内容靠在一起,不相关的内容则保持距离。

对齐包括有线对齐、无线对齐,目标是让版式工整、干净,条例清晰、统一。对齐的任何东西都不能随意摆放,每个元素间都有某种视觉关系。利用对齐,可以建立清楚整齐的外观。

重复通常需要风格统一,包括元素、颜色、样式、字体、版式等的重复设计。重复视觉的要素包括颜色、字体大小、空间等,可以增强条理性和整体一致性。

3. 版式设计的形式原理

版式设计的形式原理包括变化统一、对称均衡、对比调和、重复交错、比例适度、节奏韵律、变异秩序、虚实留白等。优秀的设计通常包括暖心的文案、精致的主体、得当的字体、分明的层级、明显的组合、有趣的创意、到位的对齐、图形化的文字、潮流的风格、协调的配色、炫酷的效果、平衡的构图等。

7.4 空 间 构 成

7.4.1 空间构成的基本概念

1. 空间构成的概念

空间构成是在二维平面上描绘出来的视觉空间,本身具有很强的视觉幻觉性、图形的矛盾性和趣味性。空间构成也可以理解为立体构成,是用一定的材料,以视觉为基础,力学为依据,将造型要素按照一定的构成原则组成美好的形体的构成方法。

空间构成研究的对象是点、线、面、对称、肌理等,目的是揭示立体造型的基本规律,阐明立体设计的基本原理。空间构成主要应用于建筑设计、商品、产品、工业设计等领域,它有半立体构成、线立体构成、面立体构成、块立体构成和综合材质立体构成等多种形式。

在空间构成中,点、线、面是最基本的元素。通过这些元素的组合和变换,可以创造出各种不同的空间形态。

2. 空间构成的应用场景

空间构成的应用场景非常广泛,主要涉及建筑设计、室内设计、景观设计、展示设计等领域。在建筑设计方面,空间构成是实现建筑功能、塑造建筑形象、营造建筑氛围的重要手段。通过空间构成的应用,可以创造出各种不同风格的建筑作品,满足人们不同的需求。在室内设计方面,空间构成可以帮助设计师合理规划室内空间布局,优化空间使用功能,提高室内环境的舒适度和美观度。在景观设计方面,空间构成可以帮助设计师创造出富有层次感和立体感的景观空间,提升景观的艺术价值和观赏价值。在展示设计方面,空间构成可以帮助设计师合理规划展位布局、展示方式和展示效果,为观众营造出良好的参观体验(见图7.29)。

图 7.29　空间与建筑场景

总之,空间构成的应用场景非常广泛,涉及建筑、室内、景观、展示等多个领域。通过合理运用空间构成的原理和方法,设计师可以创造出更加实用、美观、舒适的空间环境,满足人们不同的需求。

7.4.2　空间构成与设计的关系

1.空间构成在设计中的作用

空间构成与设计之间存在着密切的关系。空间构成是设计的基础和核心,它决定了设计的方向和风格。在设计中,空间构成的应用非常重要,它可以帮助设计师更好地理解和把握空间形态的构成要素,从而创造出更加合理、美观和有创意的设计作品。

空间构成与设计的关系表现在以下几个方面。

①空间构成指导设计思路。空间构成是设计的起点和基础,它为设计师提供了基本的思路和方向。通过深入研究和理解空间构成的基本原理和方法,设计师可以更好地把握空间形态的内在规律,从而更好地指导设计工作。

②空间构成塑造设计风格。空间构成的应用可以帮助设计师塑造出独特的设计风格。通过合理运用点、线、面等基本元素,以及考虑比例、层次、色彩等方面的因素,设计师可以创造出具有个性化和艺术感的空间环境,形成独特的设计风格。

③空间构成提升设计品质。空间构成的应用可以帮助设计师提升设计品质。通过深入研究和探索空间构成的原理和方法,设计师可以更好地掌握空间形态的塑造技巧,从而创造出更加合理、美观和舒适的空间环境,提升设计品质和用户体验。

综上所述,空间构成与设计之间存在着密切的关系。空间构成是设计的基础和核心,它指导设计的思路和方向,塑造设计的风格和品质。通过合理运用空间构成的原理和方法,设计师可以创造出更加实用、美观、舒适的空间环境,满足人们不同的需求。

2.空间构成的基本设计能力要求

空间构成对设计师的思维能力有较高的要求,主要体现在以下几个方面。

①空间感知能力。空间构成要求设计师具备敏锐的空间感知能力,能够准确感知空间的大小、形态、比例、层次等要素,以及它们之间的关系和变化。这种能力有助于设计师更好地把握空间的整体效果和细节处理。

②逻辑思维能力。空间构成中,各种元素之间的组合和变换需要遵循一定的逻辑关系,这就要求设计师具备逻辑思维能力。设计师需要能够清晰地理解各元素之间的内在联系和相互影响,从而做出合理的设计决策。

③创新思维能力。空间构成鼓励创新和实验,要求设计师具备创新思维能力。设计师需要能够从不同的角度和思路出发,探索新的组合和表达方式,创造出独特而富有表现力的空间形态。

④美学素养。空间构成追求美的表现力,要求设计师具备一定的美学素养。设计师需要了解和掌握形式美、色彩、材质等方面的知识,能够运用美的原则来指导设计。

⑤技术能力。空间构成涉及材料、结构、工艺等方面的知识,要求设计师具备相应的技术能力。设计师需要了解不同材料的特性和加工方法,能够合理选择和应用材料,实现设计的可行性。

第8章

数字媒体动漫与短片设计

8.1 数字媒体动漫与短片的类别

8.1.1 数字短片

1. 数字短片及其特点

数字短片是随着数字信息时代发展而兴起的一种新媒体艺术形式,主要特点包括短小、精致、快速和精练。数字短片运用数字技术,在较短的时间内(几十秒到十几分钟不等)向人们传递相对完整的信息。数字短片一般使用计算机软件进行制作,具有较高的视觉效果和音效表现力;使用数码设备拍摄和后期处理,可以实现高清晰度和高质量的音视频输出;通过互联网等数字渠道传播,具备广泛的受众群体和影响力。

在新媒体时代,数字短片的特点主要体现在信息内容、短片长度和数据量 3 个方面。首先,信息内容短小、精致,易于制作。其次,短片长度短小、精致,通常在几十秒到十几分钟就能完成信息内容的展示和传播。最后,数据量短小、精致,随着音视频压缩编码技术的发展,数字短片的数据量往往只有几十兆,有的甚至只有几兆的容量,非常有利于在网上传输、在线观看和分享。

2. 数字短片的应用场景

数字短片的应用场景非常广泛,包括但不限于以下几个方面。

①影视制作。数字短片作为一种新的艺术表现形式,被广泛应用于影视制作领域。短片导演通过数字技术手段,将短片拍摄制作得更加精美、震撼,能够迅速吸引观众的眼球,提升影视作品的品质和观感。

②社交媒体。在社交媒体上,数字短片被广泛应用于分享生活、娱乐和商业宣传。例如,在抖音、快手等平台上,用户可以自由创作和发布短视频,满足不同用户的需求。

③广告宣传。数字短片也被广泛应用于广告宣传领域。广告主可以通过数字短片的形式,将广告信息快速、准确地传递给目标受众,提高广告的曝光率和转化率。

④教育培训。数字短片在教育培训领域也有广泛的应用。例如,在线课程、教学视频等都可以通过数字短片的形式进行制作和发布,方便学生随时随地学习。

⑤商业演示。数字短片也可以用于商业演示领域,如产品展示、项目介绍等。通过数字短片的形式,能够更加直观地展示产品或项目的特点和优势,提高演示效果。

3. 数字短片的制作流程

数字短片的制作流程一般包括以下几个步骤。

①创意构思。确定短片的主题、风格和创意,进行剧本创作和角色设计。

②制作准备。包括场景布置、道具准备、人员安排等,同时进行技术准备,如选择合适的软件和工具。

③实际拍摄。按照剧本和创意要求进行实际拍摄,注意画面、声音等质量的把控。

④后期制作。包括视频剪辑、特效添加、音效处理等,从而制作出完整的短片。

⑤审核修改。对完成的短片进行审核和修改,确保短片的质量和效果。

⑥发布推广。将短片发布到合适的平台,进行宣传和推广,吸引观众的关注和观看。

在数字短片的制作过程中,需要注意以下几点。

①创意和剧本是短片制作的关键,要注重创意的独特性和表现力。

②拍摄过程中要注意画面和声音的质量,以及拍摄的角度和构图等因素。

③后期制作要注重特效和音效的处理,以及视频剪辑的流畅性和节奏感。

④发布推广时要选择合适的平台和受众,以及合适的宣传策略。

8.1.2　微电影

1. 微电影及其特点

微电影是指通过互联网新媒体平台传播的、适合在移动状态和短时休闲状态下观看的、具有完整故事情节的“微型电影”。微电影具有完整策划和系统制作体系支持,内容融合了幽默搞怪、时尚潮流、公益教育、商业定制等主题,可以单独成篇,也可以系列成剧。随着互联网的发展和普及,微电影正逐渐成为一种备受关注的影视形态和新的艺术表现形式。

微电影是一种新型的艺术表现形式,其特点主要体现在以下几个方面。

①结构简单。微电影的时长较短,因此在结构上更加简单,强调“弱两边、重中间”的高度压缩结构。有些微电影有时还会省略开头和结尾,以突出电影的冲击力和感染力,更好地体现电影的内涵和情感。

②短小灵活。微电影的创作角度相对短小灵活,不太适宜重大题材的叙事,也不需要营造宏大场景。由于其短小灵活的特征,因此微电影可以从不同角度选题,以表现出生活中的更多内容。

③删繁就简。微电影更加注重删繁就简,尤其是在电影人物的刻画上。一般来讲,微电影当中主角、配角只有几个人,同时由于微电影的删繁就简,使得电影中对相关事件的演绎更加细腻,也更贴近生活实际,因此可以使观众在相对较短的时间里对电影主题及人物有更为深刻的理解与感受。

④微观特征。微电影具有微时长、微周期和微投资等特征。微时长是指电影的时长短,通常在几分钟到六十分钟之间;微周期是指生产周期相对较短,最长时间不超过一个月;微投资是指微电影成本低,进入门槛低。

2. 微电影的应用场景

微电影的应用场景非常广泛,可以适用于以下几个方面。

①品牌推广。微电影可以通过创意性的故事和情节,展示品牌的核心价值观和特点,吸引目标受众,提高品牌知名度和美誉度。

②商业广告。微电影可以被用作商业广告的载体,通过富有创意的故事情节和精美的画面,传递产品或服务的卖点。用于广告营销的微电影可以作为一种有效的广告形式,吸引观众的注意力和购买力,提高品牌知名度。

③文化传播。微电影可以作为文化传播的载体,通过富有文化内涵的故事情节和场景,传递文化价值观和思想内涵,促进文化交流和传播。微电影可以通过讲述历史故事、传统文化等内容,弘扬中华民族优秀传统文化。

④教育培训。微电影可以被用作教育培训的载体,通过富有教育意义的故事情节和画面,传递知识和技能,提高学习效果。一些教育机构或组织使用微电影作为教学工具,帮助学生更好地理解和掌握知识点。

⑤人文关怀。微电影可以应用于展示社会公益活动、关爱弱势群体等主题,传递正能量。

⑥个人创作。微电影可以被个人用于创作表达自己的思想和情感,通过个人经历、生活琐事等题材,表达对生活的感悟和理解。

3. 微电影的制作流程

微电影的制作流程一般包括以下几个步骤。

①创意策划。确定微电影的主题、故事情节、人物设定等,制订详细的策划方案和剧本。

②筹备。根据策划方案,准备所需的拍摄设备和道具,确定拍摄地点和时间,招募演员和摄制组人员。

③前期拍摄。根据剧本进行实际拍摄,注意画面构图、灯光、音效等质量的把控,以及拍摄进度和预算的控制。

④后期制作。将拍摄的素材导入计算机中,进行视频剪辑、特效添加、音效处理等后期制作工作,制作出完整的微电影。

⑤审核修改。对完成的微电影进行审核和修改,确保微电影的质量和效果。

⑥发布推广。将微电影发布到合适的平台,进行宣传和推广,吸引观众的关注和观看。

在微电影的制作过程中,需要注意以下几点。

①创意策划是微电影制作的关键,要注重创意的独特性和表现力。

②拍摄过程中要注意画面和声音的质量,以及拍摄的角度和构图等因素。

③后期制作要注重特效和音效的处理,以及视频剪辑的流畅性和节奏感。

④发布推广时要选择合适的平台和受众,以及合适的宣传策略。

8.1.3 纪录片

1. 纪录片及其特点

纪录片是以真实生活为创作素材,以真人真事为表现对象,并对其进行艺术加工与展现,以展现真实为本质,并用真实引发人们思考的电影或电视艺术形式。纪录片的核心是真实,但是也可以通过某些手法来强调或突出某些真实瞬间。纪录片的制作需要创作者对真实事件和人物有深入的观察和思考,通过采访、拍摄、剪辑等手法,将现实世界的片段拼接成一部完整的作品。纪录片不仅可以记录历史,而且还可以揭示社会问题、传播文化和价值观。

(1)纪录片的特点。

①真实性。纪录片的核心特点是真实,创作者需要以现实生活和人物为基础,通过拍摄、采访等手法,记录下真实的事件和人物。

②观察性。纪录片的创作者需要有敏锐的观察力,发现并捕捉现实生活中的细节和瞬间,通过镜头语言来表达出深度的思考和感悟。

③故事性。纪录片需要有完整的故事结构,通过情节的展开和事件的进展,引导观众进入情境,从而引发观众的思考和共鸣。

④社会性。纪录片常常关注社会问题和现象,通过揭示这些问题和现象,引发观众对社会和人类自身的思考和反思。

⑤艺术性。纪录片是一种艺术形式,需要通过镜头语言、剪辑手法、音乐音效等手段来表达创作者的意图和情感,从而引发观众的共鸣和思考。

(2)纪录片和微电影的区别。

纪录片和微电影在制作目的、内容、手法等方面存在明显的差异。

首先,纪录片的目的是通过记录真实事件和人物,呈现真实的社会现象和文化价值观念,引发观众的思考和反思。微电影则是一种娱乐形式,通过虚构的故事情节和角色来吸引观众,追求观众的情感共鸣和娱乐享受。

其次,纪录片的内容通常以真实事件和人物为基础,通过拍摄、采访等手法来记录现实生活,不进行过多的情节设计和虚构。微电影则可以基于虚构的故事情节和角色,通过编剧、导演等艺术加工和创作来呈现故事内容。

最后,纪录片的手法注重观察和记录,强调镜头的真实感和纪实性。微电影则可以运用各种拍摄手法和特效来创造视觉效果和艺术风格。

2. 纪录片的应用场景

纪录片的应用场景非常广泛,它可以用于各种领域和场合,如文化传播、历史记录、生态保护、教育科普、品牌宣传、旅游宣传、企业形象推广、时事报道等。

①文化传播。纪录片可以记录和传播不同国家和地区的文化现象和价值观,通过纪录片中的人物、故事和文化展示,促进文化交流和理解。

②历史记录。纪录片可以记录重要历史事件和人物,为后人留下珍贵的历史资料。

③生态保护。纪录片可以揭示环境和生态问题,提高人们的环保意识。

④教育科普。纪录片可以提供真实、生动的知识和信息,帮助观众更好地理解科学知识。

⑤品牌宣传。纪录片可以通过记录企业的创业历程和发展轨迹,展示企业的价值观和文化内涵,提高品牌知名度和美誉度。

⑥旅游宣传。纪录片可以通过记录世界各地的美景、文化特色和风土人情,制作成旅游宣传片,吸引更多人前往参观。

⑦企业形象推广。企业可以通过纪录片的形式,展现其产品和服务的特点,提高品牌知名度和美誉度。

⑧时事报道。纪录片可以作为时事新闻的补充,通过记录重大事件的发生和发展过程,让观众更全面地了解事情的前因后果。

此外,纪录片还可以用于电视节目、电影节、博物馆等场合,为观众提供丰富的视觉体验和文化思考。

3. 纪录片的制作流程

制作纪录片需要经过以下步骤。

①确定主题和目的。在制作纪录片之前,需要明确纪录片的主题和目的,以及受众群体,

从而制订相应的制作计划和内容安排。

②策划和创意。在这个阶段,制片人会与导演、编剧和其他团队成员一起讨论故事情节、主题和目标受众等。

③制订拍摄计划。根据主题和目的,制订详细的拍摄计划,包括拍摄地点、时间、设备、预算等方面的安排。

④收集素材。在拍摄之前,需要收集相关的素材,包括文字、图片、音频、视频等,以便在拍摄过程中进行参考和使用。

⑤采访和拍摄素材。按照拍摄计划进行拍摄和采访,制片人和采访人员将前往选定的拍摄地点进行实地调查,并与其他相关人士交流获取第一手资料。同时,他们还可能使用录音设备或其他记录工具来捕捉声音或图像,注意捕捉真实的瞬间和细节,同时也要注意采访的技巧和艺术性,这些材料将被用于后续的编辑过程中。

⑥剪辑和后期制作。将采访和拍摄的素材整理成最终影片的过程,包括剪辑、音效、字幕、特效等处理,以使纪录片更加完整、流畅、有感染力。首先,制片人和导演将根据剧本和故事大纲对素材进行筛选和组织,并将它们按照顺序排列。然后,他们将开始进行剪辑工作,包括剪切片段、添加特效和音效等。最后,他们会将剪辑好的素材组合在一起形成一部完整的纪录片。

⑦审核和修改。完成后期制作后,需要进行审核和修改,对不足之处进行补充和完善,以确保纪录片的品质和效果。

⑧发布和推广。将纪录片发布到合适的平台,进行宣传和推广,以扩大影响力,引发更多人的思考和共鸣。制片人还需要考虑如何宣传和推广他们的作品,以便吸引更多的观众和投资方。

在制作纪录片的过程中,需要注意以下几点。

①注重真实性和客观性,避免过度渲染和主观判断。

②注意画面的清晰度和音效的质量,保证纪录片的品质。

③注意剪辑的流畅性和节奏感,使纪录片更加吸引人。

④注意内容的生动性和故事性,让观众更好地理解和接受。

⑤注重社会价值和人文关怀,关注人类生存和社会发展。

8.1.4 数字动漫

1. 数字动漫及其特点

数字动漫是指利用数字技术制作、传播和展示的动画作品。数字动漫使用计算机软件和技术来创建动画角色和环境,并通过互联网等数字渠道进行传播。数字动漫类产品主要由数字漫画、数字动画、数字动漫形象等数字内容产品构成。从行政管理角度看,数字动画、数字漫画又是传统动画出版和传统漫画出版的数字化内涵和外延的延展,因此数字动漫是数字出版的一种具体形态。

(1)数字动漫的特点。

数字动漫是一种新的艺术形式,它融合了传统动漫和新媒体技术,为观众带来了更加丰富和多样的视觉体验。

①实时性。数字动漫可以实现在线播放,观众可以在任何时间观看数字动漫内容。

②高质量图像。由于使用了先进的计算机技术和渲染算法,因此数字动漫能够呈现出高质量的人物形象、场景设计和特效效果。

③表现力强。数字动漫色彩鲜明、线条清晰、表现力强,可以更好地表现出细节和特效,而且制作成本较低。

④可定制化。数字动漫可以根据用户的需求进行定制化创作,如添加个性化的背景音乐、更换人物造型等。

⑤多媒体特性。数字动漫不仅包含静态画面,还可以通过声音、视频等多种形式来增强体验感。

⑥网络传输速度快。数字动漫可以通过互联网和移动终端等快速地传输到世界各地,使更多人能够欣赏到优质的数字动漫作品。

(2)数字动漫和传统动漫的区别。

数字动漫和传统动漫在制作方式、效率、成本及画面效果等方面存在多个主要差异。

①制作方式。数字动漫又称为 CG 动画,它使用计算机技术制作,可以自动生成中间画,大大缩短了动画制作周期,效率较高。传统动漫多用手绘技术制作,需要绘制原画、中间画,工作量大,效率较低。

②画面效果。数字动漫可以借助软件工具生成逼真、细腻的画面,注重特效和视觉效果。传统动漫由于采用手绘技术,风格更为个性化和传统。

③制作成本。数字动漫由于使用计算机技术,因此可以降低制作成本,提高制作效率。传统动漫由于需要大量手工绘制,因此成本较高。

④传播和发布。数字动漫可以通过互联网、移动终端等新媒体进行传播和发布,传播范围广。传统动漫主要通过电视媒体进行传播和发布,传播范围窄。

⑤创作自由度。数字动漫可以利用软件工具进行各种尝试和创新,创作自由度高。传统动漫受限于手绘技巧和制作方式,创作自由度相对较低。

值得注意的是,虽然数字动漫具有更高的效率和更低的成本,画面效果更好,创作自由度更高,但是传统动漫也有其独特的魅力和价值。

(3)数字动漫和数字动画的区别。

数字动漫和数字动画都是数字化时代下的产物,两者各具特色。虽然数字动漫和数字动画都是采用数字技术进行创作的作品,但是两者在制作方式、内容和形式风格上存在一定的差异。

首先,数字动漫更注重故事情节和角色设计,通常以漫画、小说等形式呈现,强调情节和人物设定。数字动画则更注重画面效果和动作表现,通过数字技术制作出具有高度逼真感的画面和动作。

其次,数字动漫通常采用传统的漫画创作方式,即通过手工绘制漫画原稿,再扫描到计算机中进行后期处理。数字动画则完全采用数字技术进行创作,包括场景、角色和动作等都通过计算机进行绘制和制作。

最后,数字动漫和数字动画在受众群体和市场定位上也有所不同。数字动漫通常面向漫画爱好者、青少年等群体,而数字动画则更加广泛地面向大众观众,包括儿童、青少年、成年等不同年龄段的观众。

2. 数字动漫的应用场景

数字动漫的应用场景非常广泛，主要包括以下几个方面。

①电影和电视制作。数字动漫在电影和电视制作中应用广泛，可以创造出逼真的虚拟场景、特效和动作，通过大量的数字特效和角色设计来增强视觉效果，提高观众体验。

②游戏开发。游戏中的动画和角色动作常常通过数字动漫制作完成，以提高游戏的沉浸感和视觉效果，提供更加逼真的游戏体验。

③建筑设计。建筑设计师可以利用数字动漫技术创造出具有真实感的虚拟建筑环境，方便客户理解和展示设计构思。

④教育领域。数字动漫可以用作教育工具，帮助学生更好地理解复杂的概念和过程。一些在线学习平台也利用数字动漫技术来制作交互式课程内容。

⑤产品展示和广告宣传。数字动漫可以用于广告制作，通过有趣的画面和情节吸引观众的注意力。通过使用数字动漫技术，企业可以将产品的形象生动地呈现给消费者，提高品牌知名度和产品推广效果。

⑥虚拟现实和增强现实。数字动漫在虚拟现实和增强现实中应用广泛，可以创造出逼真的虚拟场景和角色，提供沉浸式的体验。

⑦文化娱乐产业。数字动漫技术可以在文化娱乐产业中得到广泛的应用和推广。

3. 数字动漫的制作流程

数字动漫的制作流程一般包括以下几个步骤。

①创意与策划。在制作数字动漫之前，需要确定故事情节、角色设定和场景设计等。

②前期筹备。根据策划方案，确定数字动漫的主题、风格、剧本、长度、目标观众和预算等。

③角色设计。根据剧本和主题，设计出数字动漫中的角色，包括主角和配角的外形、性格、动作等。

④原画绘制。根据创意进行原画创作，包括人物造型、背景、特效等。

⑤场景设计。根据剧本和主题，设计出数字动漫中的场景，包括背景、道具、陈设等。

⑥分镜头制作。根据剧本和设计，制作出分镜头剧本，包括镜头语言、动作、表情、相机运动等。

⑦动画制作。使用计算机软件进行动画制作，添加音效和配乐等。参考剧本、分镜故事板，给角色或其他需要活动的对象制作出每个镜头的表演动画。

⑧贴图材质。根据概念设计和综合意见，对模型上色和渲染，进行色彩、纹理、质感等的设定工作。

⑨骨骼蒙皮。根据故事情节分析，对角色动画的模型进行动画前的一些变形、动作驱动等相关设置。

⑩后期编辑和合成。对数字动漫进行后期剪辑和合成，加入音乐、字幕等元素，使整个作品更具观赏性。

⑪整片输出。由后期人员合成完整成片，并根据客户及监制、导演的意见剪辑输出成不同版本，以供不同需要使用，将制作的数字动漫导出为视频格式或其他媒体形式，以供播放和使用。

⑫发布和推广。通过各种渠道发布并推广数字动漫，如在线平台、电视台、电影院等。同时，也可以参加相关的比赛、展览等活动来提高数字动漫的知名度。

8.2　数字媒体动漫与短片脚本设计

8.2.1　脚本设计的思路

1.脚本设计

脚本的主要作用是提高视频拍摄的质量和效率。脚本设计就是提前安排好每一步要做的事情,使从拍摄到完成的所有步骤成为一个大纲,保障拍摄的进程简单而高效。如果没有脚本设计,那么可能会在拍摄中出现卡顿、人员不齐、故事不对、道具不足、场景也不对等问题,花费大量的时间去统筹,效果往往也不尽如人意。因此,脚本设计是针对视频内容的一种规划和设计工作,主要包括以下几个方面。

①搭建文案框架。确定文案的创作方向,需要弄清楚观众是谁,要传递给观众什么样的信息,可以给观众带来怎样的情感推动,会导致怎样的一个结果。

②找到文案切入点。对所了解和掌握的信息去进行筛选和整理加工,来确定视频内容的主题和切入点。

③将信息转化为文字。根据确定好的主题,将收集到的信息转化为文字,要遵循的共同原则就是要调动用户的情感,引发用户的共鸣。在写视频的文案时,一定要找到目标用户的共性,挖掘出他们共同感兴趣的话题,并合理地表达出观点和态度,从而使用户更加愿意关注视频。

④选择镜头景别。镜头景别包括远景、全景、中景、近景、特写这 5 种,需要根据要表达的内容选择合适的镜头景别。

⑤确定运镜方式。运镜方式指的是拍摄时镜头的移动方式,包括推、拉、摇、移等,需要根据要表达的内容选择合适的运镜方式。

⑥撰写台词。台词是视频中人物说话的内容,也是视频文案的一部分,需要简洁明了,能够引起共鸣。

⑦设计时长。需要合理分配时间,保证视频内容的完整性和节奏感。

⑧准备道具。视频中需要的道具包括背景板、装饰物等,需要与主题相符合。

2.脚本设计的思路

数字媒体动漫与短片脚本设计是数字媒体作品设计与制作的第一步,也是建立作品基本架构的基础,应该遵循一定的思路。

①明确主题和目的。在编写数字媒体动漫与短片脚本之前,需要先明确视频的主题和目的,然后围绕这个主题编写内容。

②制订时间表。在编写数字媒体动漫与短片脚本时,需要确定每个场景的时间和顺序,以便导演和拍摄人员能够准确把握拍摄进度和时间。

③注意故事性。一个好的数字媒体动漫与短片需要具有故事性和吸引力,可以通过设置冲突、转折等元素来吸引观众的注意力。

④镜头设计。在编写脚本时,需要考虑镜头的景别、内容、台词、时长、运镜、道具等因素,以使视频更加生动有趣。

⑤确定配乐。音乐是数字媒体动漫与短片制作中很重要的一个环节,可以通过选用适合的音乐来营造氛围和情感。在编写脚本时,可以根据视频的主题和情感来选择合适的配乐,并在脚本中注明。

⑥考虑视觉和听觉体验。在编写脚本时,需要考虑观众的视觉和听觉体验,因此需要用简洁的语言写出一些关键词,帮助导演和拍摄人员进行拍摄和剪辑。

8.2.2 文案设计

1. 文案设计的概念

文案设计是指对广告、宣传材料等文本内容进行创意和规划的过程。文案设计包括确定目标受众、选择合适的语言风格、使用适当的视觉元素来传达产品或服务的优势和信息。文案设计师需要考虑如何吸引观众的注意力,激发他们的兴趣并留下深刻的印象来促进销售。

文案设计需要具备多种技能和素质,包括但不限于以下几个方面。

①文字表达能力。文案设计需要将品牌或产品的信息以简洁、明了、有感染力的方式传达给受众,因此要求文案设计师具备优秀的文字表达能力,能够用精练、生动的语言来传达信息。

②创意思维能力。文案设计需要以创新的方式将信息呈现给受众,要求文案设计师具备创意思维能力,能够从不同的角度和切入点来思考和表达信息。

③设计技能。文案设计需要将文字和设计元素融合在一起,要求文案设计师具备一定的设计技能,包括排版、色彩搭配、字体选择等方面的能力。

④市场营销知识。文案设计旨在推广品牌或产品,要求文案设计师具备一定的市场营销知识,了解市场需求、消费者心理和品牌定位等方面的信息。

⑤沟通能力。文案设计需要与作品制作团队人员进行协作,要求文案设计师具备较强的沟通能力,能够清晰地表达自己的创意和想法,并能够与团队协作完成工作任务。

⑥学习能力。文案设计是一个不断发展的行业,要求文案设计师具备较强的学习能力,能够不断学习新的知识和技能,以适应行业发展的变化。

2. 文案设计的质量

为了保障文案设计的质量,需要考虑以下几个方面。

①简洁明确。尽量使用简洁、明确的语言,避免使用过于复杂的词汇和句子结构。同时,要注意控制字数,让文案更加精练。

②抓住眼球。在文案的开头或结尾处,可以使用一些引人注意的词语或句子,以吸引观众的注意力。

③突出重点。在撰写文案时,要明确突出重点,让观众能够快速了解你想要表达的信息。例如,可以使用加粗、斜体、下画线等标记来强调关键内容。

④情感化。情感化的文案往往更容易打动人心。可以通过描述一些情感场景、情感故事等方式,让观众产生共鸣,从而增强文案的吸引力。

⑤创新性。创新性的文案往往能够让人眼前一亮。可以通过使用一些独特的词语、句子

结构或创意性的表达方式,来让文案更加吸引人。

⑥测试和优化。在发布文案后,可以通过测试和优化的方式,不断改进文案的质量和效果。例如,了解用户对文案的不同反应,并根据反馈进行优化和调整。

如何提高文案的吸引力呢? 在脚本中埋入"钩子"可以帮助提高观众的观看兴趣和留存率,具体可以采用以下方法。

①设置悬念。在开始播放前留下一个问题或谜题,吸引观众继续观看。例如,在视频开头展示一张神秘的照片或一段模糊不清的画面来引起观众的好奇心。

②提供线索。通过提供关键信息或提示帮助观众理解故事情节,这些线索可以在对话、字幕或其他视觉元素中出现,从而引导观众跟随剧情发展。

③反转结局。使用反转手法让观众感到意外和惊喜并产生共鸣,这种技巧可以让观众对故事产生更加深刻的印象,并增加他们的观看意愿。

④用幽默元素。幽默元素可以缓解紧张气氛,增加趣味性。例如,在视频中使用搞笑台词、夸张动作等来逗乐观众。

⑤与观众互动。鼓励观众参与讨论或投票,让他们感受到自己与视频的联系,这不仅能增强观众的参与感,而且还能提高他们分享视频的可能性。

8.3　视频拍摄的基本知识

8.3.1　景别

景别是指由于摄影机与被摄体的距离不同,从而造成被摄体在电影画面中所呈现出的范围大小的区别。景别的划分一般可分为 5 种,由远至近分别为远景(被摄体所处环境)、全景(被摄体的全部和周围背景)、中景(被摄体大部分表面)、近景(被摄体小部分表面)、特写(被摄体某个局部)。

(1)远景。

远景是景别中视距最远、表现空间范围最大的一种景别。在远景中,被摄体在画幅中的大小通常不超过画幅高度的一半,用来表现开阔的场面或广阔的空间,因此这样的画面在视觉感受上更加辽阔深远,节奏上也比较舒缓,一般用来表现开阔的场景或远处的被摄体(见图 8.1)。

从表现功能上分,远景还可以包含大远景和远景两个层次。

大远景一般用来表达宏大的场面,像连绵的山峦、浩瀚的海洋、无垠的沙漠及从高空俯瞰的城市等,它的画面有时幽远辽阔,有时气势磅礴,一般节奏舒缓,易于抒情。

远景并不像大远景那样强调画面的独立性,而是更强调环境与被摄体之间的相关性、共存性及被摄体存在于环境中的合理性。在这一景别中,画面主体视觉突出,除了光影、色阶、明暗、动势关系的强调外,还需要注意构图形式的作用。

图 8.1　远景

图 8.2　全景

（2）全景。

全景主要用来表现被摄对象的全貌或被摄人体的全身，同时保留一定范围的环境和活动空间。对景物而言，全景是表现该景物全貌的画面。对人物而言，全景是表现人物全身形貌的画面。全景既可以表现单人全貌，也可以同时表现多人。从表现人物的情况来看，全景又可以称作"全身镜头"，在画面中，人物的比例关系大致与画幅高度相同，如图 8.2 所示。

与场面宏大的远景相对比，全景所表现的内容更加具体和突出。无论是表现景物还是人物，全景比远景更注重具体内容的展现。对于表现人物的全景，画面中会同时保留一定的环境空间，但是画面中的环境空间处于从属地位，完全成为一种造型的补充和背景衬托。

（3）中景。

以人作为被摄体时，中景中人物整体形象和环境空间降至次要位置，更重视具体动作和情节。中景一般表现人物的多半身形貌，由于拍摄人物时往往都要表现面部情况，因此通常意义上的中景指人物膝盖以上的部分，如图 8.3 所示。

和远景、全景相比较，中景可以看到更多的画面细节，观众的注意力更加集中在主体上面，因此相对于前者，会产生更多的感染力。中景是叙事功能最强的一种景别。在包含对话、动作和情绪交流的场景中，利用中景可以最有利的兼顾表现人物之间、人物与周围环境之间的关系。中景的特点决定了它可以更好地表现人物的身份、动作及动作的目的。表现多人时，中景可以清晰地表现人物之间的相互关系。

图 8.3　中景

图 8.4　近景

（4）近景。

以人作为被摄体时，近景常被用来细致地表现人物的面部神态和情绪，是表现人物胸部以上或景物局部面貌的画面。因此，近景是将人物或被摄体推向观众眼前的一种景别，如图 8.4 所示。

近景通常是用来表现人物的面貌、表达人物的情感、刻画人物的心理活动、揭示人物感情世界的主要景别。在电视节目中,通常使用近景来加强画面内人物和观众之间的交流感和亲近感,拉近他们之间的距离,更好地向观众传达画面内人物的内心情感和心理世界,吸引观众产生身临其境的意识。例如,《新闻联播》等新闻节目,主持人就以近景形象出现在观众面前,使得主持人播报的新闻内容更利于被观众接受。

(5)特写。

特写是表现被摄体某个局部细节部分的画面。如果用一个词来形容的话,特写就是"表现细节",如图 8.5 所示。

图 8.5　特写

特写中被摄对象充满画面,比近景更加接近观众。特写能提示信息,营造悬念,能细微地表现人物的面部表情,刻画人物,表现复杂的人物关系。特写具有生活中不常见的特殊的视觉感受。特写所表达的除了人物局部特征和景物细节这一表面实际状况之外,还可能被赋予更深刻的意境。例如,画面中一只握紧的拳头,除了表现拳头的细节之外,还可以进一步地象征一种权利或力量,或者一种决心等心理情绪。

8.3.2　拍摄角度

拍摄角度一般分为水平拍摄角度和垂直拍摄角度。水平拍摄角度又分为正面角度、斜侧角度、侧面角度、反侧角度和背面角度。垂直拍摄角度又分为平角、仰角和俯角 3 种。

(1)水平拍摄角度。

水平拍摄角度是指以被摄体为中心,在同一水平面上围绕被摄体四周选择摄影点。在拍摄距离和拍摄高度不变的条件下,不同的拍摄方向可以展现被摄体不同的侧面形象,以及主体与陪体、主体与环境的不同组合关系变化。水平拍摄的各种角度如图 8.6 所示。

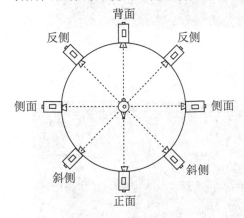

图 8.6　水平拍摄角度

图 8.7　正面角度

①正面角度。正面角度是指摄像机在被摄体正前方的拍摄。这种角度拍摄能毫无保留地再现被摄体正面的全貌,容易显示庄重、稳定、端庄、静穆的气氛,并有利于表现被摄体的横向

线条和对称物的画面结构,但不利于空间感和立体感的表达,也不利于动感和线条的展现(见图 8.7)。

②斜侧角度。斜侧角度是指摄像机介于被摄体正面和侧面之间的角度进行的拍摄。这种角度能够表现被摄体的正面、侧面两个方面的特征,有明显的形体透视变化,使画面生动活泼,有较强的透视感和立体感,有利于表现物体的立体形态和空间深度(见图 8.8)。

图 8.8　斜侧角度

图 8.9　侧面角度

③侧面角度。侧面角度是指摄像机在被摄体侧面方向的拍摄。这种角度有利于表现被摄体的运动姿态及富有变化的外沿轮廓线条,也有利于表现人与人之间对话和交流的神情、动作、姿态和手势,给人以客观、平等的感觉(见图 8.9)。

④反侧角度。反侧角度是指摄像机介于被摄体背面和侧面之间的角度进行的拍摄。在与常用的正面、侧面、斜侧角度的对比下,反侧角度有出其不意的效果,往往能获得很生动的形象(见图 8.10)。

⑤背面角度。背面角度是指摄像机在被摄体后面的拍摄。这种角度可以把被摄体的背面与被摄体注视的对象一起表现出来,有较强的主观参与感。同时,这种角度看不到所拍被摄体的表情,具有一定的悬念和神秘感(见图 8.11)。

图 8.10　反侧角度

图 8.11　背面角度

(2)垂直拍摄角度。

垂直拍摄的各种角度如图 8.12 所示。

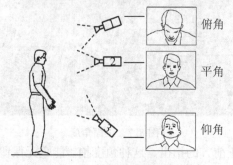

图 8.12　垂直拍摄角度

图 8.13　平角

①平角。平角是指摄像机与被摄体在同一水平线上的拍摄。这种角度的视觉效果与日常生活观察事物的角度一致,会使观众产生一种身临其境的感觉,使人感到平等、客观、公正、亲切。这种角度容易使地平线平均分割画面,拍摄时应加以注意(见图 8.13)。

②仰角。仰角是指摄像机在低于被摄体水平线的角度进行拍摄。这种角度使地平线处于画面的下端,常出现以天空为背景的画面,可以简化背景,达到突出主体的作用(见图 8.14)。

图 8.14 仰角

图 8.15 俯角

③俯角。俯角是指摄像机在高于被摄体水平线的角度进行拍摄。以这种角度拍摄,由于水平线上升至画面上端,具有居高临下、视觉开阔、空间透视感强的特点,因此有利于表现广阔、规模宏大的场面。俯角拍摄人物时,会给人以矮小、萎缩的感觉,因此俯角拍摄常被用作表现反面人物(见图 8.15)。

8.3.3 运动拍摄

运动拍摄是指在拍摄一个镜头时,摄影机的持续性运动,即在一个镜头中通过移动摄影机机位,或者变动镜头光轴,或者变化镜头焦距所进行的拍摄。通过这种方式所拍到的画面称为运动画面。运动摄像分为推摄、拉摄、摇摄、移摄、跟摄、升降拍摄等。

(1)推摄。

推摄是摄像机向被摄体方向推进,或者变动镜头焦距使画面框架由远而近向被摄体不断接近的拍摄方法。用推摄的方式拍摄的运动画面叫作推镜头。

推镜头形成的镜头向前运动是对观众视觉空间的一种改变和调整,景别由大到小对观众的视觉空间既是一种改变也是一种引导,但要注意推镜头的推进速度要与画面内的情绪和节奏相一致。

(2)拉摄。

拉摄是摄像机逐渐远离被摄体,或者变动镜头焦距使画面框架由近至远与被摄体拉开距离的拍摄方法。用拉摄的方式拍摄的运动画面叫作拉镜头。

拉镜头的镜头运动方向与推镜头相反,但它们有着基本一致的创作规律和一般要求。不同的是,推镜头要以落幅为重点,拉镜头则应以起幅为核心。

(3)摇摄。

摇摄是指摄像机机位不动,借助三脚架上的活动底盘或拍摄者本身来变动摄像机光学镜头轴线的拍摄方法。用摇摄的方式拍摄的运动画面叫作摇镜头。

摇镜头犹如人们转动头部环顾四周或将视线由一点移向另一点的视觉效果。一个完整的摇镜头包括起幅、摇动、落幅 3 个相互贯连的部分。一个摇镜头从起幅到落幅的过程,迫使观众不断调整自己的视觉注意力。

（4）移摄。

移摄是指将摄像机架在可移动的物体上随之运动而进行的拍摄。用移摄的方式拍摄的运动画面称为移动镜头，简称移镜头。

移摄主要分为两种拍摄方式：一种是摄像机安放在各种可移动的物体上；另一种是摄像者肩扛摄像机，通过人体的运动进行拍摄。这两种拍摄方式都应力求画面平稳、保持画面的水平。在实际拍摄时尽量利用摄像机的变焦镜头中视角最广的那一端镜头，因为镜头视角越广，它的特点体现得越明显，画面也越容易保持稳定。

（5）跟摄。

跟摄是指摄像机始终跟随运动的被摄体一起运动而进行的拍摄。用跟摄的方式拍摄的运动画面叫作跟镜头。

跟镜头的画面始终跟随一个运动的主体，被摄体在画框中的位置相对稳定，跟镜头不同于摄像机位置向前推进的推镜头，也不同于摄像机位置移动的移镜头。

移镜头与跟镜头有以下区别。

移镜头的画面中并没有一个具体的被摄体，随着摄像机的运动，表现了镜头从开始到结束的整个空间或整个群体形象。

跟镜头的画面中始终有一个具体的被摄体，摄像机跟随这个主体一起移动，并根据主体的运动速度决定镜头的运动速度。一般情况下，被摄体在镜头开始至结束都处于一个相对稳定的景别。

总的来说，移镜头有利于表现画面空间的完整和连贯性，而跟镜头表现的是被摄体。

（6）升降拍摄。

升降拍摄是指摄像机借助升降装置等一边升降一边进行的拍摄。用升降拍摄的方式拍摄到的运动画面叫作升降镜头。

升降镜头的升降运动带来了画面的扩展和收缩，升降镜头视点的连续变化形成了多角度、多方位的多构图效果。升降镜头常用以展示事件或场面的规模、气势和氛围。

8.3.4 拍摄过程的原则

在拍摄过程中，需要注意一些细节问题，应该遵循以下原则。

①场景选择。选择合适的拍摄场景，根据剧情需要，选择合适的场地和环境，营造出适合的氛围和情感。

②光线和构图。注意画面的光线和构图，使用合适的光线和构图方式，突出主题和人物形象，增强画面的表现力和美感。

③角度和景别。根据场景和人物形象的需要，选择合适的拍摄角度和景别，以更好地展现人物和场景的特点。

④拍摄器材。根据拍摄要求，选择合适的拍摄器材，包括摄像机、镜头、三脚架、滑轨等，保证拍摄的质量和稳定性。

⑤音效和音乐。注意音效和音乐的运用，根据场景和情感的需要，选择合适的音效和音乐，增强画面的感染力和表现力。

⑥演员表现。引导演员自然真实地表现角色，让演员理解角色，表现出真实的情感和性格。

⑦拍摄时间安排。根据场景和剧情的需要,合理安排拍摄时间和顺序,保证拍摄进度和质量。

⑧安全问题。注意安全问题,特别是在拍摄一些高难度场景时,要注意演员和摄影师的安全。

⑨后期制作。注意后期制作的细节问题,包括剪辑、音效、字幕等,保证作品的质量和效果。

第9章
微课与教学辅助设计

<table><tr><td>9.1</td><td>微 课 介 绍</td></tr></table>

9.1.1 微课的定义

微课是一种基于多媒体与互联网技术的新型教学模式,是一种时间短、体积小、知识点精细化的在线教学资源。微课通常针对某一具体的知识点或学习技能进行设计,通过短时长的视频、音频或其他多媒体形式传递有限的教学内容,便于学习者按照自己的节奏和需要进行灵活学习。微课的特点包括时长短、聚焦一个或几个知识点、制作精良、利于移动学习且便于快速消化和掌握。微课强调教学内容的模块化、个性化和便捷性,以适应现代人们快节奏的学习和工作生活。

9.1.2 微课的结构

微课的结构通常包括片头、引言、内容展示、活动和互动、总结(归纳)、布置作业、知识延伸等部分。根据需要也可灵活调整,保留部分结构或扩充其他结构。

1.片头

微课的片头是微课最开始的部分,通常以简短的动画等动态视频方式,为整个微课设定基调,可以包含微课标题、主题或核心元素,如图 9.1 所示。微课的片头应该简洁、吸引人,并且能够激发学习者的兴趣。

(a)片头样例1   (b)片头样例2   (c)片头样例3

图 9.1 片头

2.引言

引言部分在微课中扮演着至关重要的角色,它是微课讲解开始的第一印象,需要在短时间内抓住学习者的注意力,并明确指出微课的价值和目的。引言通常包含以下内容。

①激发兴趣。用富有吸引力的方法展示微课的主题,可以通过提出一个相关的问题、分享一个引人入胜的故事,或者预告一些微课中的亮点,激发学习者的好奇心和学习动机。

②介绍主题。在引人入胜的开头之后,简洁明了地介绍微课的主题,确定微课的核心内容,确保学习者了解他们将要学习什么内容。

③展示目标。明确阐述微课的学习目标,让学习者了解在完成微课后,他们能够达到什么样的理解水平,掌握哪些技能或知识。

④说明意义。描述微课内容对学习者的实际意义,包括微课如何帮助他们解决问题、提高个人能力或应用在日常生活和工作中。

⑤展示纲要或目录。提供结构化的微课纲要或目录(见图 9.2),使学习者对微课的结构有一个快速的概览,知道哪些是重要的知识点,课程将如何逐步展开。

(a)纲要　　　　　　　　　　(b)目录

图 9.2　纲要(目录)样例

⑥互动预告。如果微课中包括互动环节,如讨论、练习或测验,那么可以在引言部分提前告知,以便学习者预期参与。

引言部分不需要包含过多的细节,而是应聚焦在吸引学习者对即将开始的学习内容的兴趣和注意力上。一个良好的引言不仅能够提高学习者的参与感,而且也是确保有效学习发生的基础。

3. 内容展示

内容展示是微课的核心部分,教师或教学内容设计者将目标知识点通过清晰、有条理的方式展现出来,展示的手段通常有讲解、放映课件、演示实际操作或模拟操作、播放动画、展示图表、分析案例等。

(1)讲解。

讲解以简洁清晰的语言,将知识点传达给学生,是主要的内容展示手段。讲解过程应避免使用过多的专业术语或复杂的语句,保证解说词与正在演示的微课画面(课件、动画、视频、图片等)同步,将知识点按照逻辑关系进行组织和解释,使学习者能够理解知识的整体框架和内在逻辑。

(2)放映课件。

将教学内容制作成课件(如幻灯片),通过放映课件的形式来呈现知识点,这也是主要的内容展示手段。图 9.3 所示就是正在放映课件的画面。制作的课件应尽量图文并茂,通常包含文字、动画、图像、图表等多种形式的信息,能够更直观地展示知识点,帮助学习者理解微课内容。

(a)课件样例1

(b)课件样例2

图 9.3 放映课件

（3）演示实际操作或模拟操作。

通过实际操作（如实验）或模拟操作（如仿真）来展示知识点的应用和操作方法，如图 9.4 和图 9.5 所示，这种方式具有真实性、互动性、可操作性等特点。

图 9.4 演示实际操作

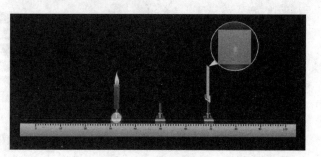

图 9.5 演示模拟操作

（4）播放动画。

动画是微课中一种非常有效的展示形式，利用形象的动画可以对抽象的概念或复杂的过程进行有效的解释。图 9.6 所示为展示"手拉手"几何模型的 3 帧动画。动画使学习者更容易理解和记忆知识点，帮助学习者逐步理解整个过程的逻辑。

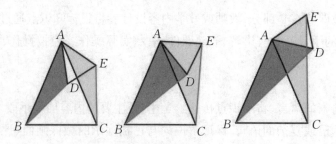

图 9.6 "手拉手"几何模型的 3 帧动图

（5）展示图表。

图表是微课中一种常用的可视化展示工具，可以清晰地呈现数据和关系，帮助学习者更直观地理解知识结构和逻辑关系。

当展示数量、趋势、比例等方面的数据关系时，可以使用柱状图（见图 9.7）、折线图、饼图等。

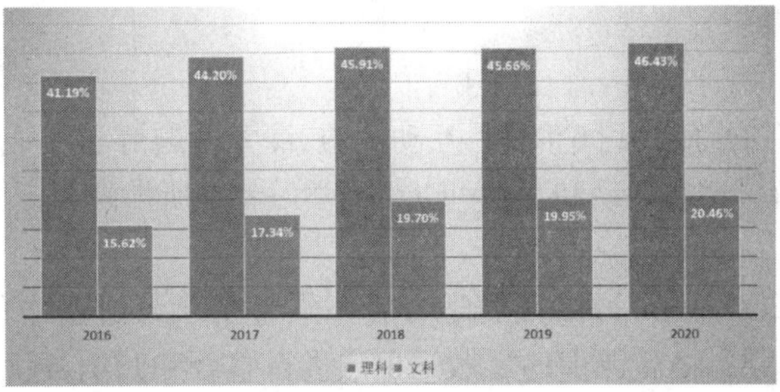

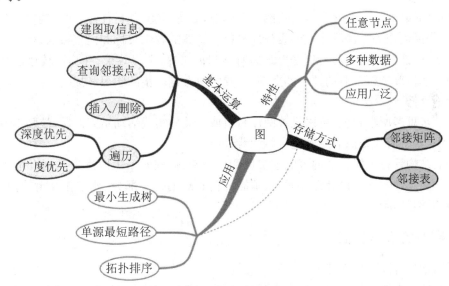

图 9.7　柱状图

当展示过程、结构、关系等方面的逻辑关系时，可以使用流程图、结构图、思维导图(见图 9.8)等。

图 9.8　思维导图

当展示数据细节并进行比较和分析时，可以使用表格，如表 9.1 所示。

表 9.1　表格样例

姓名	数学	语文	英语	科学
张三	85	76	92	78
李四	73	89	67	81
王五	91	72	78	95
周六	79	84	70	88
赵七	88	95	82	72

(6)分析案例。

通过真实案例的分析，将理论知识与实际问题相结合，帮助学习者更好地理解知识点的应用场景和解决方法。分析案例可以包括以下内容。①描述案例。介绍案例背景、问题和相关信息。②分析过程。分析案例中涉及的知识点、方法和技巧。③提出解决方案。提出解决问题的方法和策略，并进行讨论和评价。

以上这些内容展示形式可以根据教学内容的特点和学习者的需求进行灵活组合和运用，

以达到最佳的教学效果。

4. 活动和互动

微课中可以设置在线练习、讨论问题、互动测验、课堂习题等学习活动和互动,以提升学习者的参与度并加深理解。这些活动和互动可以帮助学习者将所学内容应用于实践,巩固知识点。

5. 总结(归纳)

在微课结尾进行知识总结,可以帮助学习者归纳整个学习过程中的关键点和主要概念。引导学习者进行归纳总结,将微课中的零散知识点进行整合和归纳,还可以形成系统的认知结构。总结语言要简短精练,使学习者轻松理解和记忆。总结的形式可以是文字形式、图表形式、概念图等。

6. 布置作业

为了巩固知识,可以布置多种形式的课后作业,如练习题、项目任务、问卷调查、问题讨论、案例分析、作品创作等。课后作业的设计应当符合微课的教学目标和内容特点,具有一定的针对性和实践性,能够帮助学习者更好地掌握所学知识,提高学习效果。同时,教师还可以根据学习者的作业情况进行及时的评价和反馈,指导学习者进一步的学习和提高。

7. 知识延伸

为进一步思考所学知识,可以推荐阅读材料或相关的实践活动结束微课,鼓励学习者扩展他们的知识,并将所学知识应用到更宽阔的背景中。

微课的结构旨在确保教学内容的连贯性和易于理解,同时最大限度地利用有限的时间来增强学习的焦点和效率。设计微课时,教师需要精心规划每一部分,使之相互衔接,共同构成一个完整的学习体验。

9.1.3 微课的教学特征

微课通常包含以下教学特征。

①紧凑性。微课的特点之一是内容紧凑,通常在短时间内呈现核心知识点。这种紧凑性有助于学习者集中注意力,提高学习效率。

②灵活性。微课的教学内容和形式可以根据学习者的需求和反馈进行调整。教师可以根据学习者的学习进度和兴趣灵活选择教学内容,使学习更加个性化。

③多样性。微课可以采用多种媒体形式,如视频、音频、图像、动画等,丰富了学习内容的呈现方式,提高了学习者的学习体验。

④互动性。微课通常包含互动环节,如小测验、问题讨论等,可以促进学习者的参与和反馈。这种互动性还可以激发学习者的学习兴趣,加深对知识点的理解。

⑤自主学习。微课鼓励学习者自主学习和探索,通过提供适当的学习资源和指导,帮助学习者建立自主学习的能力。学习者可以根据自己的学习节奏和需求进行学习,提高了学习的效果和效率。

9.1.4 微课与传统视频课程的比较

微课与传统视频课程相比,在时长、内容、交互性、灵活性等方面存在差异,具体如下。

①时长。微课的时长通常较短,一般在 4 min 到 10 min 之间,而传统视频课程时长可以是几十分钟(如 45 min)或以上。微课的短时长有助于学习者集中注意力,提高学习效率。

②内容。微课通常只对某个知识点进行详细的讲解与演示,内容更为精细化。微课内容设计紧凑,侧重于突出重点、精简内容,通常注重实用性和针对性,让学习者在短时间内获得明确的知识点。传统视频课程涵盖更广泛的知识范围,更类似于传统的课堂教学录像,内容也更为全面。

③交互性。微课通常具有较强的交互性,包括小测验、问题解答等互动环节,能够促进学习者的参与和反馈。传统视频课程的交互性相对较弱,通常是单向传递知识,学习者的参与程度较低。

④灵活性。微课具有较高的灵活性,学习者可以根据自己的时间和兴趣通过互联网选择学习内容,随时随地进行学习。传统视频课程在学习时间和场合安排上容易受限,相对不够灵活。

9.2　微课的制作过程

微课的制作过程通常包括微课选题、教案编写、课件制作、视频录制、视频后期制作等步骤。

9.2.1　微课选题

微课选题是制作微课的第一步,它直接影响微课的教学效果和受众的接受程度。在选择微课选题时,可以考虑以下几个方面。

①教学需求。确定微课选题应当考虑当前教学课程的需求和学习者的学习目标。微课选题应与教学大纲和课程标准相契合,确保微课内容的教学价值和实用性。

②学习者兴趣。根据目标学习者群体的年龄、兴趣爱好和学习特点,选择符合其兴趣的微课选题,以增加学习的吸引力和趣味性。

③热点话题。选择与时事热点或社会热点相关的题目,能够增加学习者的关注度和学习积极性,提高微课的传播效果。

④知识点难易度。应考虑选题的知识点难易度,选择适合学习者当前学习水平的主题,避免选题过于简单或过于复杂,确保微课内容的学习可行性。

⑤创新性和差异化。在选题时尽量选择具有创新性和差异化的话题,避免选择过于普通或常见的选题,以吸引学习者的注意力和提升微课的独特性。

⑥竞赛要求。若要参加微课竞赛,则选题的范围一定要参考竞赛的选题范围要求,如微课的类型要求、科目要求、年代要求等。

9.2.2　教案编写

教案是教学活动的详细计划和安排,它包含了学情分析、教学目标、教学内容、重点难点、教学步骤、教学方法、教学评价、教学资源、教学反思等内容,是教师在备课过程中制订的一份指导性文件,用于指导和组织教学活动的进行。教案通常包括但不限于以下主要内容。

①学情分析。对学习者的各种情况进行综合分析,包括学习者的学习水平、学习兴趣、学

习习惯、认知能力、心理特点等。

②教学目标。明确教学活动的目的和预期效果，指导教师和学生的教学行为和学习行为。

③教学内容。描述教学活动中所要涉及的知识、技能、概念等内容，包括具体的教学内容和教学材料。

④重点难点。包括教学过程中学习者可能会遇到的重要或困难的知识点、原理、技术等。

⑤教学步骤。划分教学活动的具体步骤和流程，包括导入、展示、讲解、练习、总结等环节。

⑥教学方法。选择和设计适合教学内容和学习者特点的教学方法和教学策略，以促进学习者的学习和发展。

⑦教学评价。确定教学活动的评价标准和评价方式，评价学习者的学习成果和教学效果，以指导后续教学活动的开展和调整。

⑧教学资源。准备教学所需的教学资源和教学工具，包括教材、教具、多媒体资料等。

⑨教学反思。对教学活动进行反思和总结，发现问题和不足，并提出改进和调整的建议。

教案的编写可以使用表格的方式呈现，表 9.2 所示为一种教案编写模板。

表 9.2　教案编写模板

微课名称		视频时长	
所属课程			
适用对象			
教学内容			
学情分析			
教学目标			
教学重点难点			
教学方法			
教学工具			
教学过程			
步骤	视频展示与教师活动		学生活动
课程导入 （？分钟）			
目的：			
正式授课 （？分钟）			

目的：		
课题小结 （? 分钟）		
目的：		
课后作业		
目的：		
教学反思		

9.2.3　课件制作

完成微课选题与教案编写后，可以开始制作教学课件。课件制作是微课制作的核心工作，优秀的课件可以通过图文并茂、动画呈现等方式，生动地展示教学内容，激发学习者的学习兴趣，提高微课的观赏度，增强学习效果。

1. 幻灯片式课件

幻灯片是最常见的课件形式，是一种通过计算机软件制作的演示文稿，通常用于展示演讲、教学、培训等场合。演示文稿由多个幻灯片页面组成，幻灯片上可以包含文字、图片、图表、动画、视频等多种媒体内容。幻灯片可以通过投影仪或显示器进行播放，以便学习者进行观看和学习。幻灯片的制作需要使用专门的软件，如 Microsoft PowerPoint，WPS Office，Google Slides，Keynote 等。制作幻灯片时，用户可以选择不同的模板和布局，根据需要插入文字、图片、图表等内容，并设置动画效果和过渡效果，使得演示更加生动和吸引。通过幻灯片，教师可以将复杂的内容简化并结构化，使得学习者更容易理解和记忆。

2. 课件制作原则

课件制作需要遵循一些基本的原则，以确保演示文稿清晰、引人入胜、易于理解，具体制作原则如下。

①简洁明了。应避免在一张幻灯片上放入过多的文字（见图 9.9，其文字太多），尽量使用简洁的纲要性文字（见图 9.10）或图形（见图 9.11）进行内容展示。更多没有显示的文字可以通过旁白解说进行讲述，且可以使用字幕的形式呈现这些文字。保持文字内容简洁明了，可以突出重点，使学习者能够快速获取知识信息。

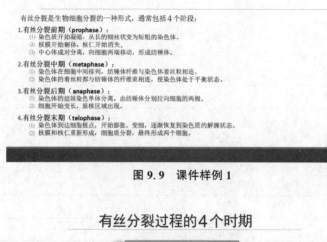

图 9.9　课件样例 1

图 9.10　课件样例 2

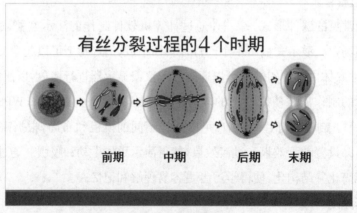

图 9.11　课件样例 3

②保持主题风格一致。多个幻灯片应采用统一的主题(模板),保证各种格式的风格统一。例如,图 9.9、图 9.10 和图 9.11 的 3 张幻灯片背景格式统一,但是字体没有统一,图 9.9 中的文字为宋体,图 9.10 和图 9.11 中的文字均为黑体。

③合理使用字体和颜色。选择合适的字体确保文字清晰可辨认。例如,图 9.10 中的黑体字体比图 9.9 中的宋体更清晰易读。保持一致的字号和颜色,注意背景和文字之间的对比,可以确保良好的可视性。

④高质量的媒体。课件中要使用高质量的图片、动画、视频、图表等媒体对象。特别地,当从网络获取媒体对象时,尽量下载高分辨率、没有水印的图片和视频,无噪音高码率的音频。

⑤使用动画或视频。遇到适合使用动画或视频进行展示的知识点(如动态信息、抽象信息、过程描述信息等),尽量制作或获取合适的动画、视频资源进行展示,图 9.12 所示为通过视频演示细胞分裂的过程。动画或视频的使用不要过度,适度的动画和视频可以吸引注意力,但过多的动画和视频可能分散学习者的注意力。

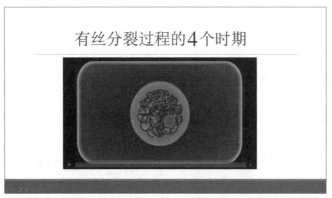

图 9.12　通过视频演示细胞分裂的过程

⑥使用备注。在幻灯片备注中记录当前幻灯片不显示的文字信息。例如,可以记录当前幻灯片的解说词,如图 9.13 所示。通过备注可以方便回顾幻灯片的详细内容和解说词。

有丝分裂过程的4个时期

有丝分裂是生物细胞分裂的一种形式,通常包括 4 个阶段:

1.有丝分裂前期(prophase):
　(1) 染色质开始凝缩,从长的细丝状变为短粗的染色体。
　(2) 核膜开始解体,核仁开始消失。
　(3) 中心体成对分离,向细胞两端移动,形成纺锤体。

2.有丝分裂中期(metaphase):
　(1) 染色体在细胞中间排列,纺锤体纤维与染色体着丝粒相连。
　(2) 染色体的着丝粒都与纺锤体的纤维束相连,使染色体处于平衡状态。

3.有丝分裂后期(anaphase):
　(1) 染色体的姐妹染色单体分离,由纺锤体分别拉向细胞的两极。
　(2) 细胞开始变长,原核区域出现。

4.有丝分裂末期(telophase):
　(1) 染色体到达细胞极点,开始膨胀、变细,逐渐恢复到染色质的解缠状态。
　(2) 核膜和核仁重新形成,细胞质分裂,最终形成两个细胞。

图 9.13　幻灯片的备注

9.2.4　视频录制

录制微课视频通常有屏幕录制与实景录制两种方式。

1. 屏幕录制

屏幕录制就是使用屏幕录制软件录制计算机演示的课件、动画、视频、操作过程等,是最常用的录制方式。屏幕录制可遵循以下方法和经验。

①选择合适的录屏软件。确保选择合适的录屏软件,常见的录屏软件包括 Camtasia, OBS Studio,ScreenFlow 等。

②准备清晰的内容。确保展示的内容清晰可见,可以调整显示器的分辨率以适应录制

需要。

③关闭不必要的应用程序和通知。在录制之前,关闭不必要的应用程序和通知,以避免干扰和不必要的信息显示在录制内容中。

④调整录制区域。选择合适的录制区域,确保想要展示的内容完全包含在内,同时尽量减少无关内容的录制。

⑤准备好脚本或提纲。提前准备好录制的内容脚本或提纲,以便在录制过程中不会遗漏重要的信息。

⑥合理安排录制时间。选择在较为安静的时间段进行录制,避免录制过程中出现噪音或其他干扰因素。

⑦测试音频和视频设置。在录制之前测试音频和视频设置,确保音频清晰可听且视频质量良好。

⑧使用快捷键。学习和使用录屏软件的快捷键,可以提高录制效率并减少录制过程中的烦琐操作。

⑨注意录制过程中的操作流畅性。在录制过程中尽量保持操作的流畅性和连贯性,避免频繁的操作失误和重复录制。

2. 实景录制

实景录制是利用摄像机或手机直接对实景进行拍摄录制,实景录制适合录制实验过程、技能操作、自然现象、实物展示等。

常用的实景录制技巧和经验如下。

①稳定性。使用稳定的摄像设备或三脚架,避免晃动和抖动。对于移动录制,可以考虑使用稳定器或手持云台来提高稳定性。

②光线。选择明亮、柔和的光线环境,避免强烈的直射光。利用自然光和补光灯来提高画面质量。

③音频。使用外置麦克风或录音设备录制清晰的音频。避免背景噪音和回音,选择安静的录制环境。

④构图。使用规则的构图技巧,如规则三分法、黄金比例等,使画面更吸引人。构图需要确保主题清晰突出,避免杂乱的背景干扰。

⑤焦距和景深。根据需要调整焦距和景深,使主题清晰,背景模糊。利用景深效果可以突出主题或创造艺术效果。

⑥角度和视角。尝试不同的拍摄角度和视角,以丰富画面表现力。可以使用低角度、高角度、俯角、仰角等来增加层次感和视觉冲击力。

⑦运动和镜头切换。使用平滑的运动和镜头切换,避免突兀和晃动。根据实景录制需要选择适当的切换效果,如淡入淡出、交叉溶解等。

⑧持续关注。在录制过程中关注画面和音频质量,及时调整设备和参数。注意主题的表现,确保传达的信息清晰明了。

⑨预留剪辑空间。在录制过程中预留一些剪辑空间,方便后期编辑和修剪。

3. 录制参数设定

无论采用哪种录制方式,录制的最佳分辨率为 1 920×1 080 或以上,帧率为 30 fps 或以上,音频码率为 128 Hz 或以上。

9.2.5　视频后期制作

录制好的微课视频需要经过大量后期制作,如剪辑、添加字幕、添加标注、添加切换效果、音频处理、抠像、录制旁白、设置视觉效果、设置光标效果、添加动画、生成发布等,才能形成最终的微课作品。下面对一些常用的后期制作技术进行介绍。

(1)剪辑。

通过剪辑操作去除不必要的片段,如长时间的沉默、无关的背景、重复或冗长的内容、屏幕录制头尾无用片段等,以保留最有效传达信息的片段,突出重点。

(2)添加字幕。

在视频中的适当位置(通常在视频底部,见图 9.14)添加字幕,可以方便观众对微课视频信息的获取,提高知识点理解速度。对于听力障碍者、语言不通的学习者或处于嘈杂环境下观看微课视频的学习者,字幕提供了一种重要的理解视频内容的方式。

图 9.14　字幕样例

添加字幕时,要保证字幕与说话者的语音同步,即字幕的出现时间应与说话者说话的时间相匹配。设置合适的字幕时长,确保学习者可以轻松地跟随字幕阅读。字幕的格式应清晰易读,选择合适的字体、字号、颜色和背景,确保字幕在各种屏幕大小和分辨率下都能清晰可见。

(3)添加标注。

在视频画面中添加动态的注释、箭头、形状等元素,突出重点内容或关键步骤,帮助学习者跟踪关键信息。如图 9.15 所示,利用出现的方框标注对课件内容进行强调。

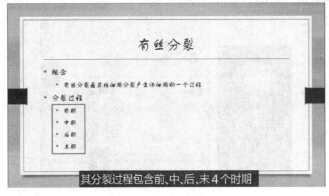

图 9.15　标注样例

(4) 添加切换效果。

在微课视频中,可以在两段画面(场景)之间添加切换效果,以实现两段画面(场景)之间的平滑过渡,避免画面转换的突然性,从而提高视觉观赏性。图 9.16 所示是正在进行画面过渡时的某种切换效果。

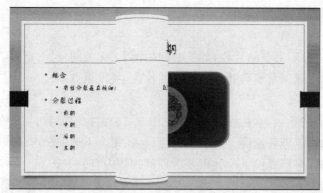

图 9.16 切换效果(翻页)

(5) 音频处理。

在微课视频中常需要处理音频,通常有以下几种操作。

① 去除背景噪音。使用音频编辑软件去除微课视频中的背景噪音,提升音频的清晰度和可听性。

② 调整音量。确保音频的音量适中,不会让观众感到不适或听不清楚。

③ 添加音乐。在适当的场景中添加背景音乐,增强微课视频的氛围和吸引力。

④ 淡入淡出。淡入效果指音频逐渐从静音或低音量逐渐增大到正常音量的过程,而淡出效果则相反,即音频逐渐减小音量直至完全静音的过程。图 9.17 所示为在 Camtasia 软件中为一段音频添加了淡入淡出后的状态。使用淡入淡出可以避免声音的出现和消失的突然性。

淡入  淡出

图 9.17 音频淡入淡出(Camtasia 软件)

(6) 抠像。

抠像是使用图像处理工具对微课视频中的人物或对象进行删除背景处理,使人物或对象与原背景分离,然后合成到新的背景或场景中(见图 9.18)。

图 9.18 抠像处理样例

（7）录制旁白。

录制旁白只录制说话的语音，通过录制旁白可以为微课视频后期添加讲解语音，也可以对已经录制的语音进行片段替换修改。

在录制旁白时，最好先准备好脚本、提纲、简要笔记或字幕，这些准备好的文字可以帮助保持录制的流畅度，降低出错率等。

（8）设置视觉效果。

视觉效果设置包括调整微课视频的颜色方案（着色、色彩饱和度、亮度、对比度）、加速播放速度、添加画面边框或阴影等操作。图 9.19 所示为微课视频添加了边框的效果。

(a)原始视频　　　　　　　　　　　　(b)添加了边框的视频

图 9.19　设置视觉效果样例

（9）设置光标效果。

在具有鼠标操作的微课视频中，设置光标效果可以增强微课视频中鼠标运动的轨迹与点击位置，使学习者更容易跟随指示或理解操作步骤。光标效果还可以设置鼠标光标形状、单击左右按键时的动画效果和音效等。图 9.20 所示为单击鼠标左键光标效果（圆圈）。

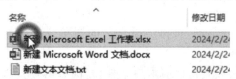

图 9.20　设置光标效果样例

（10）添加动画。

微课视频中需要的动画可以在后期继续制作添加。例如，在 Camtasia 软件中可以制作平移、缩放、旋转的平滑过渡动画。图 9.21 所示为添加了平移与旋转的动画效果，其中"谢谢观看"4 个字从屏幕左下方平移并旋转到屏幕右侧。

(a)平移旋转前　　　　　　　　　　　　(b)平移旋转后

图 9.21　平移与旋转动画样例

（11）生成发布。

所有后期制作工作完成后，即可以生成最终的微课视频。在大多数视频编辑软件中，生成视频前通常需要完成以下设定。

①选择导出格式。导出格式通常设置为 MP4。

②调整导出设置。调整视频的分辨率、帧率、视频质量、音频编码等参数。

③选择导出路径。确定想要保存导出视频的路径和文件名。

9.3　微课的评价

一个微课视频制作得是否优秀,需要在教学设计、创新创意、技术应用、教学效果、微课视频呈现等方面进行评价,以下是具体的微课评价标准,它们对制作出优秀的微课视频和参加微课比赛具有一定的指导作用。

(1)教学设计。

要设立明确的教学目标,包括明确知识范围、适用年级、教学场景和受众对象。选题形式可以多样化,如选取重要知识点、实际案例、典型例题、练习题、实验活动等,以达成教学目标。

教学设计需注重品德教育,传递正确的世界观、人生观和价值观。通过多种形式,如案例分析、场景模拟、声音影像、多样化语言、特色风格等宣扬社会主义核心价值观。

设计教学路线,以教学目标为依托,采用多种教学方式,包括讲解、实践演练、分析探讨、逻辑推理、问题解答、作品鉴赏等,确保所教内容能够实际应用于课堂教学、学习者自主学习或课外延伸学习等场景。

教学内容严谨科学,避免出现科学错误。内容组织与编排应合乎逻辑思维和认知规律。

(2)创新创意。

选择题材时要追求与众不同,可以尝试全新的视角或方法,或者关注学科的最新发展趋势,力求不墨守成规。

内容的创作应该独具匠心,包括但不限于素材、内容、模板、方法等方面,团队成员应该积极参与配音和演出,确保内容的原汁原味。

教学风格应该因教材、学习者群体和教学环境而异,可以尝试多种不同的风格,如亲切自然、激情洋溢、平等互动、温柔引导、理性权威、幽默诙谐等,打破传统教学的束缚。

鼓励跨学科多人团队的合作,各团队成员应根据各自优势分工合作、协同配合,确保演示效果出色。在现场答辩或演示视频中,团队成员之间的默契配合应该得以突显,彰显出协作的力量。

(3)技术应用。

微课视频的长度应在 5~10 min 之间,分辨率一般要求 720×576,1 280×720 或 1 920×1 080(推荐),并且视频格式为 MP4(推荐)或 WMV,大小一般不超过 500 MB。在制作过程中,需要确保字幕准确、画质清晰、图像稳定、声音清晰且与画面同步。

(4)教学效果。

根据既定的教学目标,有效解决实际教学中的问题,从而促进学习者的思维提升和能力提高。微课视频应当围绕这些目标展开,确保内容切入合理、过渡自然,整体效果协调,引人入胜,回味无穷,同时要素完备且符合规范。为验证微课视频的效果,可以将其投入到实际的教学环境或试验中,并根据试验结果对微课视频进行迭代。试验数据和微课视频迭代过程必须客观真实,并基于这些数据进行微课视频的调整和改进,以确保微课视频达到预期的教学效果。

(5)微课视频呈现。

课程规范要求微课视频与国家认可的教材立场和观点一致,特别是针对中小学部分。对于非科技类作品,微课视频必须遵循教材的表述。微课视频中的课件内容行文、层次结构、文字表达、图文搭配合理。字音规范要求文字优雅、书写规范、用语准确,语音要清晰、富有感染力,全部内容应采用普通话。如果参加微课比赛现场答辩,要保证幻灯片播放效果好,回答问题流畅、正确,组员之间协调性好。

参 考 文 献

[1] 刘冰,罗旭,张岩. 大学计算机[M]. 4 版. 北京:高等教育出版社,2021.

[2] 刘芳. 计算思维基础[M]. 北京:科学出版社,2021.

[3] 薛红梅,申艳光. 大学计算机:计算思维与信息技术[M]. 北京:清华大学出版社,2023.

[4] 郝兴伟. 大学计算机:计算思维的视角[M]. 3 版. 北京:高等教育出版社,2014.

[5] 李廉,王士弘. 大学计算机教程:从计算到计算思维[M]. 北京:高等教育出版社,2016.

[6] 马利,范春年,江结林. 计算思维导论[M]. 北京:清华大学出版社,2020.

[7] 陈国良. 计算思维导论[M]. 北京:高等教育出版社,2012.

[8] 张基温. 大学计算机:计算思维导论[M]. 2 版. 北京:清华大学出版社,2018.

图书在版编目(CIP)数据

大学计算机:计算文化与计算思维/罗旭等主编.

北京:北京大学出版社,2024.8. -- ISBN 978-7-301

-35333-2

Ⅰ.TP3

中国国家版本馆 CIP 数据核字第 2024EK0430 号

书 名	大学计算机——计算文化与计算思维	
	DAXUE JISUANJI —— JISUAN WENHUA YU JISUAN SIWEI	
著作责任者	罗旭 等主编	
责 任 编 辑	张敏	
标 准 书 号	ISBN 978-7-301-35333-2	
出 版 发 行	北京大学出版社	
地 址	北京市海淀区成府路 205 号 100871	
网 址	http://www.pup.cn	
电 子 邮 箱	zpup@pup.cn	
新 浪 微 博	@北京大学出版社	
电 话	邮购部 010-62752015 发行部 010-62750672 编辑部 010-62765014	
印 刷 者	长沙超峰印刷有限公司	
经 销 者	新华书店	
	787 毫米×1092 毫米 16 开本 13 印张 328 千字	
	2024 年 8 月第 1 版 2024 年 8 月第 1 次印刷	
定 价	36.80 元	